Jean-Luc Nothias

OÙ VA LA LUMIÈRE QUAND ON L'ÉTEINT ?

100 réponses précises à des questions épatantes

Éditeur : Stéphane Chabenat
Marketing éditorial : Sylvie Pina
Suivi éditorial : Clotilde Alaguillaume
Conception graphique : Emmanuelle Noël, Izibook
Conception couverture : olo.éditions

Les éditions de l'**Opportun**
16, rue Dupetit-Thouars
75003 PARIS

www.editionsopportun.com

« [...] et Ruth se demandait,
Immobile, ouvrant l'œil à moitié sous ses voiles,
Quel Dieu, quel moissonneur de l'éternel été
Avait, en s'en allant, négligemment jeté
Cette faucille d'or dans le champ des étoiles. »

Victor Hugo
« Booz endormi », *La Légende des siècles*,
1er mai 1859

À mes parents

Pour Thimothée et Anton

SOMMAIRE

INTRODUCTION

Le monde dans lequel nous vivons est parfois inquiétant, souvent difficilement compréhensible, mais aussi rassurant et quelquefois réjouissant… Ainsi en est-il, aussi étonnant que cela puisse paraître, de la mouche. Pourquoi cet insecte aussi irritant recèle-t-il autant de trésors qui peuvent nous inspirer et nous servir au quotidien dans de nombreux domaines comme l'aviation ou la robotique ? Pourquoi les éléphants sont-ils plus gros que les lions et en quoi cela est-il intéressant ? Où va la lumière quand on l'éteint ? Et qu'en est-il de la téléportation ? Et pourquoi les cheveux changent-ils de couleur avec l'âge ? Le sens de l'orientation est-il masculin et se gratter apaise-t-il les démangeaisons ? Les poissons boivent-ils de l'eau ou l'argent a-t-il une odeur ?

Lorsque, enfant, j'allais à l'école, en haut de la côte Sainte-Catherine, sur les hauteurs de Rouen, là où Gargantua se serait assis pour se rafraîchir les pieds dans la Seine, s'affichait à mes yeux, les matins d'hiver, un monde de dinosaures, de géants endormis, de vies inconnues. C'était comme cela que je voyais les maisons et les immeubles aux fenêtres allumées ou éteintes. Les étoiles de la Voie lactée, les regards des autres, les expressions sur les visages, la forme des nuages, le souffle du vent, la course d'une bille, tout était matière à interrogation. La curiosité n'est pas toujours un vilain défaut. Car elle manifeste la soif de savoir, sans *a priori*, sans certitude, pour mieux se comporter vis-à-vis de notre planète et de toutes les formes de vie qu'elle abrite.

Donc, merci à la mouche, à l'éléphant, au savon, aux planètes, aux moisissures, à la lumière… Merci à la Terre, notre planète, notre nid douillet, merci aux habitants de ce monde, à sa diversité, à sa complexité, à sa richesse, à sa magie. À ce monde qui nous abrite, nous rend joyeux ou malheureux. À ces régions, ces paysages, notre terre et ces horizons. Qui nous posent tant de questions et à propos desquels nous nous en posons tant. Mais, nous, les petits humains, sommes comme cela. Nous sommes minuscules, très importants et envahissants. Et nous faisons bien de nous poser des questions.

Sur tous les continents que j'ai pu visiter, ces questions ne m'ont jamais quitté. Et elles m'ont guidé jusqu'ici. Jusque dans les brumes du savoir. La seule boussole nécessaire et indispensable est alors « d'apprendre à connaître pour mieux comprendre et, tout aussi important, d'apprendre à comprendre pour mieux connaître ».

C'est cette pensée qui me guide depuis plusieurs dizaines d'années. Sans oublier que le monde n'est pas que science, mais aussi poésie, musique, amour, spiritualité, joie, douleur… Alors voici quelques-unes de ces histoires, comme au coin du feu.

Et merci à toutes celles et à tous ceux qui les ont rendues possibles. (Mais pourquoi ont-ils fait cela ?)

1

PEUT-ON DEVENIR INVISIBLE ?

Nombreux sont ceux dont la principale préoccupation, en ce monde, est de se rendre constamment plus visibles. Que l'on appartienne au monde animal ou à celui des plantes, il est effectivement des moments où des couleurs chatoyantes, des chants envoûtants, des gestuelles ensorcelantes, des poses attirantes ou effrayantes décident de l'avenir des individus. Mais, au revers de cette médaille, est gravé l'adage bien connu : pour vivre heureux, vivons cachés. Et, parmi toutes les stratégies de dissimulation, l'invisibilité est sans conteste le *nec plus ultra.* Un rêve auquel les scientifiques se frottent eux aussi.

Les plus beaux exemples naturels d'invisibilité sont le fait d'animaux qui peuvent, en changeant leur apparence, se fondre dans divers décors. Certains peuvent imiter une branche, une feuille ou un rocher, mais ne sont pas capables d'autres déguisements. Ce qui n'est pas le cas du caméléon (85 espèces connues), bien sûr, mais aussi de la pieuvre, du calamar, de la seiche ou du poisson turbot. Ils sont capables, très rapidement, de modifier leur couleur et la disposition de leurs taches pour se fondre dans divers environnements et devenir ainsi quasiment invisibles.

Pour cela, ils disposent de cellules de peau particulières, appelées chromatophores. Elles sont colorées et entourées d'un petit muscle circulaire. Quand celui-ci se contracte, les pigments se concentrent au centre de la cellule en un petit point presque invisible. La cellule est alors claire. Inversement, si le muscle se détend, les pigments se répartissent sur toute la surface de la cellule qui prend alors la couleur du pigment. Le caméléon possède 4 couches de chromatophores : les xanthophores (jaunes), les érythrophores (rouges), les guanophores (bleus) et les mélanophores (noirs). En variant l'intensité de chacune de ces couches pigmentaires, le caméléon peut former de nombreux motifs dans une grande variété de teintes. Les changements de couleur du caméléon sont contrôlés surtout par le système nerveux, mais aussi par les hormones et donc par leurs humeurs. Ainsi, un caméléon en colère vire au noir tandis que la peur le fait pâlir. S'il est calme, il sera vert. Un mâle prêt au combat pour conquérir sa belle sera bariolé de rouges et de bleus.

L'homme s'essaye à reproduire ces propriétés grâce, par exemple, à des molécules capables de changer de couleur lorsqu'elles sont soumises à un courant électrique. Ces polymères électrochromiques ont déjà des applications pour, par exemple, l'affichage des montres ou pour des vitrages. Des chercheurs de l'université du Connecticut ont même mis au point un procédé applicable aux vêtements. Leurs fibres peuvent changer de l'orange et du rouge au bleu et ils espèrent parvenir à en créer qui changeraient du vert au blanc. Ils proposent donc la confection de tee-shirts caméléons.

Autre essai, la cape d'invisibilité de chercheurs japonais. Elle met en œuvre une petite caméra, située derrière le porteur de la cape. L'image est transmise à un ordinateur puis, grâce à un projecteur situé devant le sujet, elle est projetée sur la cape. Celle-ci affiche donc ce qu'il se passe derrière le sujet, le faisant se fondre plus ou moins dans le paysage. La cape est faite d'un matériau dit rétro-réfléchissant, comme les réflecteurs de vélo ou les bandes réfléchissantes de certains vêtements. Un dispositif qui pourrait rendre « transparents » des murs ou des parties de voiture (l'arrière pour se garer par exemple).

Le domaine militaire est très friand de ces technologies. Outre le camouflage classique, les progrès techniques ont permis de développer des véhicules dits furtifs. Il s'agit dans ce cas de trouver des matériaux et des formes qui diminuent les signatures radars. Popularisée par les fameux avions B2 et F117, cette technologie s'est étendue aux bateaux et aux véhicules terrestres. De nombreuses recherches sont en cours pour développer la furtivité infrarouge et laser.

Mais le rêve d'une véritable invisibilité travaille toujours les scientifiques. Et ils font pour cela appel à la physique quantique ou à l'astrophysique. Ainsi, des mathématiciens britanniques ont essayé de mettre en équation le dispositif qui permet aux vaisseaux intergalactiques de la série télévisée *Star Trek* de devenir invisibles. D'autres chercheurs ont réussi à rendre invisible de la poussière d'or. Leurs efforts portent soit sur des phénomènes de résonance des ondes lumineuses – les empêcher de se réfléchir sur un objet en les annulant –, soit de trouver un dispositif capable de dévier la lumière autour de l'objet à cacher, comme si elle glissait autour de lui, le rendant ainsi invisible. La date à laquelle de tels dispositifs seront efficaces n'est pour le moins pas encore très visible.

2

POURQUOI A-T-ON DES CHEVEUX GRIS ?

C'est l'une des énigmes les plus déroutantes de la science : si les cheveux gris existent bien – tout un chacun peut tous les jours le constater et le vérifier autour de lui –, il est encore aujourd'hui impossible de trouver le moindre cheveu gris. Car le cheveu gris n'existe pas. Mais les cheveux gris, si. De quoi se les arracher.

Les belles chevelures « poivre et sel » sont en fait une illusion d'optique. Elles résultent du mélange de cheveux blancs et de cheveux colorés. Car le cheveu n'a pas le choix : ou bien il pousse avec une pigmentation, ou bien sans. Sous cette apparente simplicité se cachent bien des questions.

Quelques chiffres, tout d'abord. Nous avons en moyenne de 100 000 à 150 000 cheveux sur la tête et en perdons de 100 à 150 par jour. Ils poussent à raison de 1 cm en moyenne par mois. En fait, cette vitesse, qui varie de 0,7 cm à 2 cm par mois, dépend du capital génétique de chacun. Ainsi, par exemple, les cheveux des Asiatiques sont le plus souvent dotés d'une tige large et ronde, profondément implantée (à 7 mm dans le cuir chevelu) : ils sont solides et plus rapides à la pousse. Ce sont d'ailleurs les premiers fournisseurs mondiaux de perruques en cheveux naturels. Les cheveux de type africain sont eux implantés plus superficiellement (2,5 mm) ; leur tige est ovale, aplatie, et présente une torsion en forme d'hélice : les cheveux sont vrillés, la pousse est plus lente. Entre les deux, les cheveux de type européen, plus ou moins ronds et aplatis, donnent naissance à une multitude de variétés : chevelures raides, ondulées ou frisées, tiges fines ou épaisses. La pousse dépasse rarement 1,5 cm par mois (18 cm par an), pour les plus rapides. Chez un adulte européen, il pousse donc une douzaine de kilomètres de cheveux par an sur l'ensemble de la tête. De 1 à 3 millions de cheveux sont fabriqués au cours de la vie.

Le cheveu est implanté dans un petit follicule, une matrice qui le crée et le nourrit grâce aux vaisseaux sanguins. À côté de ce cheveu, on trouve une petite glande, la glande sébacée, qui produit un liquide légèrement huileux, le sébum, permettant de le protéger contre les agressions extérieures. La phase de croissance d'un cheveu dure plusieurs années. Sa durée de vie est, toujours en moyenne, de trois ans pour un homme et de dix ans pour une femme. Lorsqu'il arrête de grandir, il va rester en place environ trois mois avant d'être « éjecté » par la pousse d'un nouveau cheveu dans le follicule pileux. Si tous les cheveux étaient réglés sur ce même rythme, nous serions périodiquement chauves.

La couleur est donnée par la mélanine

D'un diamètre moyen de 70 à 80 millièmes de millimètre, le cheveu est composé principalement de kératine, une molécule fibreuse très dure donnant au cheveu sa résistance, produite par des cellules du bulbe pileux appelées kératinocytes. C'est cette même kératine qui constitue nos ongles, que l'on trouve dans les cellules de la surface de la peau et même dans les sabots des animaux. La couleur est donnée par la mélanine, fabriquée par les mélanocytes et transmise aux kératinocytes.

Lorsqu'il n'y a plus de mélanine, les cheveux deviennent blancs : les grains de mélanine sont remplacés par des bulles d'air qui donnent l'apparence du cheveu blanc. Mais un cheveu coloré ne devient pas blanc, il pousse blanc. Les premiers apparaissent en moyenne vers 34 ans. Le blanchissement des cheveux, aussi appelé canitie (du latin *canities* « blancheur des cheveux »), a plusieurs causes possibles. Il peut provenir d'un arrêt de production de mélanine par les mélanocytes, soit par « épuisement » des cellules, soit par leur disparition. Mais il peut également être dû à une non-transmission de la mélanine produite aux cellules chargées d'assembler le cheveu. Les raisons de cette interruption de communication entre mélanocytes et kératinocytes sont encore obscures. L'apparition « brutale » de mèches blanches vient, non d'une pousse soudaine et ultrarapide de cheveux blancs, mais de la chute simultanée de cheveux colorés dans une même zone. Les cheveux blancs, jusqu'ici «cachés», se révèlent brusquement. Les émotions fortes, entre autres, semblent capables de provoquer ces chutes de cheveux brutales.

Mais il existe des circonstances où l'on peut voir une recoloration du cheveu blanc. C'est le cas dans certaines maladies, comme l'insuffisance surrénalienne chronique ou lors de la repousse des cheveux après une radiothérapie. Les cheveux peuvent changer de couleur après avoir été exposés à diverses molécules toxiques comme le plomb, le cuivre, le mercure, l'argent, l'arsenic ou le cobalt. La chevelure prend alors des teintes rouge, vert, bleu ou noir. C'est aussi le cas lors de la prise de certains médicaments qui donnent des reflets jaune, rouge ou vert. Un arc-en-ciel moins agréable que celui loin au-dessus de nos têtes.

3

POURQUOI PLEURER FAIT-IL DU BIEN ?

«On a, jeune, des larmes sans chagrin; vieux, des chagrins sans larmes[1].» Mais l'univers de la larme va bien plus loin que la tristesse et est bien plus compliqué qu'il n'y paraît. Loin de n'être que de l'eau salée, c'est un liquide à la composition et à

1. Joseph Roux, abbé et poète français du XIXe siècle.

la structure très complexes. Et tout comme le rythme cardiaque, la sueur, les rougeurs, elle est révélatrice des émotions, joies ou peines, qui naissent en nous. À tel point qu'elle occupe une place de choix dans les mythologies.

Dans l'Égypte ancienne, on pensait que les hommes étaient nés des larmes de Rê, le Soleil. Pour les Incas, c'est le dieu du ciel Viracocha qui, par ses pleurs, est à l'origine de notre monde, car « l'eau fertile des larmes est à l'origine de tout, l'immense réservoir où le ciel, les arbres et les visages se mirent ». Si, dans la Bible, on ne voit pas le Christ rire, il pleure par trois fois : les larmes sont donc signe d'humanité. Au Moyen Âge, le fait de pleurer, par dévotion ou dans un état de grâce, est valorisé et encouragé.

Avant tout, les larmes ont un rôle lubrifiant pour les paupières, humidificateur et nutritif pour la cornée et la conjonctive de l'œil. Elles sont produites en continu dans les glandes lacrymales, se répandent à la surface des yeux, puis sont recueillies et transportées dans les fosses nasales par les voies lacrymales. Le film lacrymal sur la cornée est renouvelé par le clignement des paupières en moyenne toutes les 10 secondes. Son volume est d'environ 6 ml et il est produit à raison de 2,4 ml par minute. Lorsque l'on dort, et que les yeux restent donc fermés, les glandes lacrymales sont légèrement stimulées pour que le liquide coule tout seul et les vaisseaux sanguins bordant la cornée subissent une vasodilatation pour assurer le ravitaillement en oxygène. Ce qui donne parfois, au réveil, les yeux rouges.

Ce liquide lacrymal est produit par filtration du sang dans les cellules des glandes lacrymales, celles-ci ajoutant quelques composés supplémentaires, comme une molécule antibactérienne, le lysozyme. C'est un véritable liquide nourricier. Car la cornée, organe vivant composé de cellules se renouvelant régulièrement, ne possède pas de système vasculaire : des vaisseaux sanguins, même très fins, gêneraient la vision. C'est donc le liquide lacrymal qui apporte l'oxygène nécessaire au fonctionnement des cellules de la cornée.

Le film de larmes possède plusieurs couches. La plus superficielle est la plus riche en corps gras pour limiter l'évaporation naturelle de l'eau. L'intermédiaire est la plus riche en oxygène et dioxyde de carbone. Celle qui est directement en contact avec la cornée est la plus visqueuse, un peu comme un mucus riche en protéines, et « contrôle » la répartition du film.

Influx nerveux

Plusieurs causes peuvent être à l'origine de variations dans la production et la sécrétion du liquide lacrymal. Il peut s'agir de causes physiques – vent, froid, etc. –, qui vont augmenter la production pour lutter contre le dessèchement. Mais la cause qui nous intéresse le plus est celle des émotions. Celles-ci sont « gouvernées » en premier lieu par notre cerveau archaïque « reptilien » avant d'être relayées par notre néocortex, le « cerveau de la raison ».

Ainsi, une joie intense, une douleur, une peine déclenchent des messages qui vont venir dire aux glandes lacrymales d'augmenter leur production de liquide lacrymal. Ses voies naturelles d'évacuation (les voies lacrymales) se remplissent, saturent et l'excédent s'écoule alors de l'œil directement sur le visage. Les larmes coulent. Et leur composition est alors bien différente des larmes créées, par exemple, par l'épluchage des oignons. Ces dernières contiennent beaucoup moins de protéines que les pleurs d'émotions. Dans celles-ci, on trouve une plus grande quantité d'hormones, dont la prolactine, qui stimule la production de lait, et l'hormone leucine encéphaline qui elle, agit naturellement sur la douleur.

La présence de cette prolactine expliquerait, en partie, que les femmes, de leur puberté à leur ménopause, pleurent en moyenne quatre fois plus que les hommes. Jusqu'à environ 12 ans, les filles ne pleurent pas plus que les garçons (taux de prolactine équivalent). À 18 ans, en revanche, elles en sécrètent 60 % de plus que les garçons.

L'analyse de la composition chimique des larmes explique également leur effet bénéfique. D'une part parce que le message nerveux qui provoque les larmes entraîne l'apparition d'antalgiques naturels. D'autre part parce qu'elles permettent une meilleure élimination des molécules responsables du stress ou de toxines apparues sous l'effet du stress. Une étude a même calculé que pleurer diminue la tristesse ou la colère d'environ 40 %. Alors, à vos larmes, citoyens…

4

UTILISE-T-ON PLUS DE 10 % DE NOS NEURONES ?

C'est une idée reçue vieille de plus d'un siècle qui s'accroche toujours à notre cerveau : nous n'utiliserions que 10 % de nos neurones. Ce mythe est encore très répandu, demandez autour de vous. Pourtant, tout dommage dans notre kilo et demi de matière grise et dans ses quelque 30 milliards de neurones (le système nerveux en compte en tout 100 milliards) entraîne l'apparition de troubles variés. Si le cerveau ne représente que 5 % de notre masse corporelle, il consomme 20 % de l'oxygène utilisé par le corps. S'il ne « tournait » qu'à 10 % de ses capacités, et que l'on voulait accroître ce nombre, il faudrait mobiliser 30 à 40 % de l'oxygène utilisé par le corps. Au détriment d'autres organes. Et si vraiment seulement 10 % de notre cerveau était mobilisable, il serait équivalent à celui d'un… mouton (140 g).

Et bien qu'à de nombreux égards le fonctionnement du cerveau reste encore largement mystérieux, une chose est sûre, une personne « normale » se sert de 100 % de ses neurones.

Pouvoirs secrets

L'origine de ce mythe des 10 % reste assez obscure, mais on la situe à la fin du XIXe siècle. On prête ainsi, très certainement à tort, à Albert Einstein d'avoir parlé de ces 10 % des capacités cérébrales pour expliquer les siennes propres. La théorie freudienne semble avoir également encouragé l'idée des 10 %, qui seraient le conscient, tandis que l'énorme inconscient se cacherait dans les 90 % « non utilisés ». Les tenants de la télépathie, télékinésie et autres capacités paranormales font souvent référence à cette partie du cerveau que nous n'utiliserions pas pour expliquer leurs « performances ». Eux seraient parvenus à l'exploiter et à utiliser ses pouvoirs étranges et secrets.

Les techniques modernes d'imagerie, qui permettent aujourd'hui de « voir » le cerveau penser en temps réel, avec plus ou moins de finesse, prouvent le contraire.

Magnétoencéphalographie

L'électroencéphalographie est une technique qui amplifie l'activité électrique des neurones et permet de mesurer l'activité cérébrale globale. On peut ainsi distinguer les états de coma, de sommeil profond ou léger, de différentes activités – lecture, écoute de musique, etc. L'imagerie par résonance magnétique fonctionnelle (IRMF) permet, elle, de visualiser l'activité de différentes régions cérébrales. Cette technique est basée sur la mesure des flots sanguins : une zone en activité consomme plus d'oxygène qu'une zone au repos. Sa résolution est de l'ordre du millimètre et elle peut enchaîner plusieurs « photos » par seconde. Autre technique puissante, la magnétoencéphalographie enregistre, comme son nom l'indique, les très faibles champs magnétiques créés par l'activité électrique des neurones. Sa résolution spatiale est de l'ordre de 2 mm, mais sa grande force est sa résolution temporelle, de l'ordre de la milliseconde. Elle permet donc de suivre très finement l'évolution de l'activité cérébrale dans le temps. Toutes ces techniques ont démontré que 100 % des neurones sont utilisés bien qu'en moyenne, à un moment donné, seuls 5 % des neurones travaillent en même temps.

Le seul vrai 10 % du cerveau est le rapport entre les deux catégories principales de cellules qui y sont présentes, les neurones (10 % du total) et leurs cellules nourricières, appelées cellules gliales (90 % du total).

Le fait que 100 % des neurones soient actifs n'implique pas que nos capacités ne puissent être améliorées. Car la quantité ne fait pas la qualité. Les capacités du cerveau reposent essentiellement sur les milliers de milliards de connexions que les neurones créent entre eux. Et sur la plasticité de ce réseau, c'est-à-dire sa capacité à évoluer, à se transformer en fonction des circonstances.

Toile d'araignée

La toile d'araignée en trois dimensions des connexions neuronales se bâtit pendant les premières années de la vie. Mais elle ne va pas se figer. Elle va continuer à évoluer en fonction des apprentissages et des processus de mémorisation tout au long de la vie. Ainsi, on a constaté que l'activation régulière des connexions facilite leur réactivation ultérieure. C'est pourquoi on compare parfois le cerveau à un muscle qu'il faut entraîner, et que les programmes de training ou de coaching cérébral ont le vent en poupe. Mais de nombreuses maladies affectant le cerveau sont dégénératives : les neurones perdent peu à peu leur capacité d'action. Il semble que l'on puisse quelque peu ralentir ce processus, mais pas l'inverser. La récente découverte que certaines parties du cerveau possédaient, contrairement à ce que l'on pensait, la capacité de renouveler des neurones a ouvert une nouvelle et prometteuse piste de recherche. Prenons soin de nos neurones car ils prennent soin de nous.

5

LE BÂILLEMENT EST-IL CONTAGIEUX ?

D'avance, pardon à nos lecteurs. Il est certain que cette chronique va faire bâiller. Non parce qu'ils vont s'ennuyer (j'espère bien que non) mais parce qu'il suffit d'évoquer le phénomène pour qu'il survienne chez de nombreuses personnes. Le bâillement est un réflexe. À ce titre, s'il est modulable, il est irrépressible. Il est quasiment impossible de s'empêcher de bâiller. Ce n'est que très récemment que la science a pu apporter ses lumières sur l'origine, la signification et l'utilité du bâillement.

Tous les vertébrés, mammifères, poissons et oiseaux bâillent (même s'il semble qu'on n'ait jamais vu de girafe le faire) et les bébés y sont soumis alors qu'ils sont encore dans le ventre de leur mère. Deux faits qui indiquent que le bâillement est apparu très tôt dans l'évolution. C'est donc un réflexe très, très ancien. On a longtemps cru qu'il servait à donner un « coup d'oxygénation » au cerveau. On sait maintenant qu'il n'en est rien.

Un bâillement dure de cinq à dix secondes et comporte trois phases : une longue inspiration, une pause et une expiration rapide. Musculairement, il entraîne une contraction massive du diaphragme, le plus grand muscle de l'homme, et des muscles thoraciques, provoquant une forte inspiration par la bouche et le nez. La bouche est, elle, ouverte à l'extrême avec une contraction simultanée des muscles assurant son ouverture mais aussi sa fermeture (d'où des luxations de la mâchoire).

Le larynx est lui aussi concerné et s'ouvre largement car le bâillement mobilise les muscles du cou et de la face. Les trompes d'Eustache, qui relient l'oreille interne aux voies respiratoires, s'ouvrent brièvement. Une larme peut perler au coin de l'œil, une goutte de salive apparaître sur la lèvre. Il est souvent, mais pas obligatoirement, associé à des étirements (on parle alors de « pandiculation »). Des muscles se tendent et se détendent, des neurotransmetteurs, dont la dopamine, sont secrétés… La fin du bâillement apporte une sensation de détente et de bien-être. Mais ce n'est pas sa seule finalité.

Toutes les recherches menées montrent que le bâillement est en fait un signal envoyé par le corps pour avertir d'un possible changement d'état de vigilance. On bâille quand on a faim ou que l'on est rassasié, que l'on a sommeil ou que l'on se réveille. Le bâillement accompagne les rythmes du corps et avertit de l'imminence du passage à une autre phase.

Tout comme le frisson, qui dit « houlà, il faut s'occuper de notre température corporelle », le bâillement dit « il est temps de manger » ou « il est temps de dormir » ou « si ça continue, je vais somnoler ».

Des études ont montré que le phénomène du bâillement contagieux était bien réel. Mais pas pour tout le monde. Ainsi, si on projette un film où se succèdent des bâillements, seule la moitié des spectateurs va bâiller en moins de cinq minutes. Certaines personnes sont si sensibles qu'il leur suffit d'y penser pour qu'il survienne. Il n'est en outre pas nécessaire de voir un bâillement pour être « atteint », les aveugles sont là pour le prouver à ceux qui en douteraient.

D'autres études, menées en 2003, ont fourni une explication à ce phénomène. Une personne est d'autant plus sensible à la contagion du bâillement qu'elle est capable d'empathie, c'est-à-dire qu'elle est capable de ressentir les émotions que sentent les autres. Cette capacité est basée sur la perception fine de l'expression faciale des sentiments par des mécanismes cognitifs complexes et non conscients. Ce qui peut servir soit à partager les émotions, soit à s'en méfier, soit, dans un groupe, à mettre les états de vigilance de tous les individus en phase. Le bâillement peut être parfois un outil diagnostic et révéler des pathologies neuronales. Les bâillements répétés sont ainsi, pour de nombreux migraineux, prémonitoires du début ou de la fin de leur crise. Inversement, les bâillements disparaissent quasiment au cours de la maladie de Parkinson. Un traitement antiparkinsonien les fait revenir. Jamais ils n'ont été aussi bienvenus.

6

LE SENS DE L'ORIENTATION EST-IL MASCULIN ?

Elles sont, dans leur grande majorité, les premières à le reconnaître, même si quelques exceptions confirment la règle: «J'ai beaucoup de mal à reconnaître ma droite de ma gauche» ou: «Pour indiquer la droite, je montre la gauche» ou: «Je n'ai vraiment pas le sens de l'orientation.» Et ils sont nombreux à surenchérir: «Une femme ne sait pas lire une carte routière» ou: «Elles sont incapables de distinguer leur droite de leur gauche.» Cela dit sans acrimonie. L'idée que le sens de l'orientation est une caractéristique masculine est profondément ancrée dans tous les esprits. Et de nombreuses études tendent à le confirmer sans tout de même en faire une règle absolue. Mais on ignore encore les raisons de cet état de fait. La réponse se trouve peut-être dans l'escarcelle des nouvelles techniques d'imagerie du cerveau qui lèvent doucement le voile sur ce mystère.

Longtemps, on a cru que le cerveau des hommes était en moyenne plus gros que celui des femmes. On sait aujourd'hui que cela est faux. Ou du moins que le rapport entre le poids du corps et celui du cerveau est exactement le même pour le masculin et le féminin. Et l'on sait également aujourd'hui que ce n'est pas le nombre de neurones qui importe, mais le nombre et la nature des connexions qu'ils établissent. Et que cette architecture en toile d'araignée à trois dimensions est plastique et susceptible d'évolution.

Néanmoins, toutes les études montrent que de petites différences existent entre le cerveau de l'homme et celui de la femme. Ainsi, en moyenne, les femmes sont légèrement plus performantes dans le domaine verbal, spécialement en termes de fluidité et de mémoire à court terme. Elles réussissent un peu moins bien que les hommes pour tout ce qui relève de la visualisation et de la rotation mentale en trois dimensions. Mais si ces tests de rotation mentale – on propose une image aux personnes testées et on leur demande de décrire ce qu'elle devient si elle tourne de 90 ou 180° par exemple – sont en deux dimensions, les performances sont équivalentes. Les hommes sont-ils meilleurs que les femmes en mathématiques ? Sans doute que non, même s'il y aurait quelques différences pour des tests portant sur le raisonnement, mais non pour des tests portant sur les aptitudes au comptage. Et la différence est bien minime.

Une étude menée sur des filles et des garçons âgés de 10 à 20 ans a montré que ces derniers, qui jouent plus volontiers sur ordinateur à des jeux d'action que ces premières, ont de meilleures performances à des tâches de rotation mentale. Mais ne serait-ce pas parce qu'ils sont naturellement meilleurs à ces tâches qu'ils jouent plus volontiers à des jeux d'action les utilisant ? Ou que le fait d'y jouer développe cette aptitude ?

On a longtemps cru que ces différences de performances étaient liées au fait que les hommes utiliseraient plus volontiers leur hémisphère cérébral droit, spécialisé dans la représentation spatiale et le raisonnement mental, tandis que les femmes s'appuieraient plus sur leur hémisphère gauche, dédié au langage et au raisonnement analytique. Une célèbre étude menée sur les chauffeurs de taxi londoniens avait ainsi montré qu'une zone de leur hémisphère droit s'activait quand on leur demandait de penser au trajet d'un déplacement. Au vu des derniers résultats de la recherche scientifique, on est en droit de se demander ce que signifie réellement cette étude. Tous les chauffeurs testés étaient-ils des hommes? Et si on avait testé des femmes taxis, n'aurait-on pas constaté le même phénomène? Car les observations récentes faites avec l'imagerie moderne montrent que les deux hémisphères cérébraux sont en communication et en interaction permanente.

Les légères différences constatées entre hommes et femmes ne reposent-elles que sur l'apprentissage et l'éducation? Il semble bien que non. Certaines hormones, mâles ou femelles, créeraient cette différence. Des chercheurs ont eu l'idée de mesurer les niveaux prénataux de testostérone chez un certain nombre de bébés des deux sexes. Puis, lorsqu'ils ont été âgés de 7 ans, ces garçons et ces filles ont subi des tests pour évaluer leurs performances en termes de jeu spatial et de rotation mentale. Ces aptitudes décroissent avec la baisse du taux d'hormones. D'autres chercheurs affirment également que les hormones féminines, en particulier les œstrogènes, seraient responsables des meilleures performances verbales des femmes. Mais cela reste à démontrer.

Mode de vie ancestral

Enfin, certains ont proposé une explication « historique » à ces différences. Elles se seraient progressivement créées à cause du mode de vie de nos ancêtres. L'homme chasseur avait besoin de voir loin, de s'orienter, de calculer des trajectoires, tandis que la femme, au foyer, n'avait pas besoin de développer cette aptitude. C'est ainsi que se serait progressivement creusé ce « fossé » du sens de l'orientation. Mais dans ce domaine, l'homme n'a tout de même pas à « rouler des mécaniques » : il est très loin d'égaler le plus demeuré des pigeons voyageurs.

7

PEUT-ON VRAIMENT MOURIR DE RIRE ?

Il peut être contagieux, jaune, fou, conduire aux larmes ou soigner. Pourtant, on dit aussi qu'il fait mourir. Le rire est une drôle de chose. Des générations et des générations de linguistes et de lexicographes ont tenté d'en donner une définition concise satisfaisante. Avec plus ou moins de bonheur. « Exprimer la gaieté par l'expression du visage, par certains mouvements de la bouche et des muscles faciaux, accompagnés d'expirations saccadées plus ou moins bruyantes », nous dit *Le Petit Robert*. Difficile de parler plus tristement du rire (ce n'est pas spécial à ce dictionnaire).

Le rire est une émotion. À ce titre, il est commandé à la fois par le cerveau conscient (par l'hémisphère cérébral droit) et par le cerveau inconscient. Ce qui explique, d'une part, que tout le monde ne rit pas des mêmes choses et, d'autre part, que le rire est parfois incontrôlable et communicatif.

Il mobilise un grand nombre de muscles : ceux du visage, du larynx, les muscles respiratoires et le diaphragme, jusqu'à la musculature de la ceinture abdominale et celle des membres. Les petits muscles du visage – dont les célèbres zygomatiques, mais aussi les frontaux, les temporaux tout comme ceux des lèvres et des paupières – se contractent. Les coins de la bouche et ceux des paupières se déplacent vers le haut. Le sourire apparaît. Dans le même temps, les muscles des mâchoires se relâchent et les cordes vocales et les muscles du larynx se préparent aux « vocalises » du rire. Celles-ci vont débuter quand le diaphragme va entamer une suite de contractions courtes et fortes, entrecoupées de profondes inspirations. Les muscles respiratoires de la cage thoracique accompagnent le mouvement.

Le rire est comme une onde qui soulève l'eau immobile dans laquelle on a jeté une pierre et qui s'étend de proche en proche. Elle va finalement toucher le corps tout entier et l'ensemble de la musculature. Les épaules se secouent, la tête dodeline, les mains se détendent et peuvent aller jusqu'à s'ouvrir et à laisser tomber ce qu'elles tenaient. Les jambes peuvent également faire faux bond, obligeant la personne qui rit à s'asseoir.

Autre conséquence du rire, le rythme cardiaque, qui a d'abord augmenté, va baisser durablement. Les artères et les vaisseaux se dilatent et la pression artérielle diminue. Les bronches s'ouvrent plus largement et la ventilation pulmonaire augmente. C'est de là que viennent les effets bénéfiques du rire. Certains vont même jusqu'à comparer une bonne séance de rigolade à une séance de jogging.

Parallèlement à ces effets « mécaniques », le plaisir qu'apporte le rire va avoir des conséquences cérébrales. Il permet la libération d'endorphines cérébrales en stimulant la production de catécholamines. Tout le corps et ses fonctions s'en trouvent ragaillardis. Le rire est bon à tout et pour tout. Pour l'appétit, le sommeil, les capacités intellectuelles… La thérapie par le rire a d'ailleurs ses adeptes et des résultats non négligeables dans de nombreuses situations, individuelles ou collectives, dans le cadre hospitalier, dans celui de maisons de retraite, dans celui d'entreprises, etc. Et les cas de décès à la suite de rires ou de fous rires sont extrêmement rares et peu documentés. Le rire est un nain, pour ne pas dire un nul, dans la liste des causes de mortalité.

« Pour ce que rire est le propre de l'homme », a écrit Rabelais, soulignant ainsi qu'une journée sans rire est une journée perdue pour présenter son *Gargantua* et avant qu'Henri Bergson ne fasse du rire une composante essentielle de la nature humaine par opposition à la nature animale. Mais nous savons maintenant que certains animaux peuvent rire. Ainsi, des rongeurs convenablement chatouillés émettraient des sons, à nos oreilles inaudibles, mais tout à fait caractéristiques du rire, ou plus exactement du phénomène « mécanique » du rire. C'est donc l'humour, et non le rire, qui restera le propre de l'homme. Mais de quel homme ?

8

POURQUOI CHANGE-T-ON DE CORPS TOUS LES QUINZE ANS ?

Cela ne se fait pas en un jour. Mais notre corps est en état de renouvellement permanent de notre naissance à notre mort. Il est en quelque sorte constamment remis à neuf. Pratiquement tous nos organes, tous nos tissus, toutes nos cellules sont complètement renouvelés plusieurs fois, à une fréquence plus ou moins élevée. Ce qui fait qu'au bout du compte l'immense majorité de nos cellules et de nos organes sont plus jeunes que nous. Seules exceptions à cette règle, les neurones et les cellules cardiaques pour lesquels le renouvellement est très lent ou quasi inexistant.

Notre corps compte quelque 100 000 milliards de cellules. Si on les mettait toutes bout à bout, on aurait un joli ruban de quelque 15 000 km de longueur. Il y a environ 250 types cellulaires différents, cellules du sang ou de la peau, cellules musculaires ou cardiaques, neurones et fibroblastes, etc. Vingt milliards de ces cellules meurent chaque jour. Elles sont bien évidemment remplacées. Près de 20 millions de cellules se divisent en deux cellules filles chaque seconde. Le terme *diviser* est d'ailleurs assez mal choisi puisqu'en biologie *diviser* veut dire « multiplier ». Quand on dit qu'une cellule se divise, ce n'est pas une réduction puisqu'en fait elle double. Une donne deux.

Cette « division » cellulaire est la première façon de créer de nouvelles cellules identiques au modèle de départ. C'est le cas par exemple des cellules du foie. Le second type de renouvellement cellulaire passe par des cellules souches indifférenciées, c'est-à-dire non spécialisées dans une tâche ou une autre. Le processus de renouvellement s'accompagnera donc en plus, dans ce cas, d'un stade de différenciation. La cellule va se spécialiser dans un but bien précis. C'est le cas par exemple des cellules sanguines. Ces processus sont aussi à l'œuvre pour la croissance de l'organisme.

Les cellules ont des durées de vie variables. Une cellule de peau a ainsi une durée de vie de 3 à 4 semaines avant d'être renouvelée. Un globule rouge vit lui quelque 120 jours. Une cellule de la rétine ne dépasse pas la dizaine de jours. Une cellule de foie ou de poumon vit de 400 à 500 jours tandis que les cellules tapissant la surface de l'intestin ne « tiennent » que 5 jours.

On a bien l'âge de ses neurones

Une équipe de chercheurs suédois a eu l'ingénieuse idée de « détourner » une technique de datation utilisée en archéologie et en paléontologie, celle du carbone 14, pour connaître la durée de vie de certains tissus. Il s'agit de mesurer la quantité de carbone 14 présent dans l'ADN des cellules, ADN qui s'est formé au moment de la naissance de la cellule, et qui n'échange plus de carbone avec l'extérieur par la suite.

Ils ont ainsi pu montrer que la plupart des cellules d'un corps humain ont moins de 10 ans. Les plus « vieilles », dans la catégorie de celles qui se renouvellent, sont les cellules des parois de l'intestin et celles des muscles des côtes qui atteignent 15 ans. Ce sont donc celles qui se renouvellent le plus lentement. Ces études ont également confirmé que les neurones ont bien l'âge de celui qui les possède. Ou que l'on a bien l'âge de ses neurones.

Une autre équipe, également suédoise, a récemment montré que l'obésité et le fait d'avoir du mal à conserver son poids après un régime amaigrissant étaient dus au renouvellement cellulaire. Car le nombre total d'adipocytes, les cellules graisseuses, reste constant dans le corps. Un régime ne fait qu'amaigrir les adipocytes présents. Ceux qui seront renouvelés s'empresseront de retrouver leur ligne. Aux dépens de la ligne du corps auquel ils appartiennent.

Le fait qu'il y ait renouvellement cellulaire n'empêche pas les processus du vieillissement. Ceux-ci restent très mystérieux et font l'objet de nombreuses théories et spéculations. On pense généralement que les cellules sont « programmées » pour ne pouvoir se diviser qu'un certain nombre de fois. Elles auraient donc une espèce de compteur interne enregistrant le nombre de copies (clones) effectuées et celles restant possibles. Certains ont avancé que ce compteur se situait sur les chromosomes, plus précisément à leurs extrémités.

Ces petits manchons de protection sont appelés les télomères et jouent un rôle clé lors de la division cellulaire pour assurer la multiplication à l'identique du patrimoine génétique. Leur longueur diminuerait au fur et à mesure des divisions cellulaires et conduirait à leur arrêt. Deux sortes de cellules présentent des télomères toujours « longs », les cellules germinales de la reproduction, et les cellules cancéreuses qui prolifèrent sans limite. En ayant perdu toute forme de discipline. Mais les recherches sur les télomères n'ont pas débouché sur de grandes découvertes. Peut-être pas encore. Cependant, quand on voit la complexité extrême de toutes ces machineries biologiques, on ne peut pas en vouloir aux chercheurs.

9

SE GRATTER APAISE-T-IL LES DÉMANGEAISONS ?

Plus ça démange, plus on se gratte. Et plus on se gratte, plus ça démange. Cette sensation inassouvie de plaisir est des plus frustrantes. C'est souvent comme cela après une piqûre de moustique mais, parfois, se gratter apporte un véritable soulagement. Nombreux et nombreuses sont ceux et celles à qui un bon grattage entre les omoplates ou le long de la colonne vertébrale va faire un bien fou. Pourquoi ? Cela reste en grande partie un mystère même si on commence à avoir quelques pistes d'explication. Il faut dire que de tous les organes des sens, la peau est sans nul doute le plus complexe. On connaît beaucoup mieux le fonctionnement de l'œil, de l'oreille ou du nez que celui de la peau.

Car la peau ne produit pas seulement des sensations mais aussi presque des sentiments. *Être à fleur de peau, avoir la peau dure, se mettre dans la peau de quelqu'un d'autre, être une peau de vache*: la liste des expressions le traduisant est longue. Sans oublier le fameux *avoir quelqu'un dans la peau*. Sans compter que la peau peut être ou non colorée, qu'elle change d'aspect avec l'âge, qu'elle traduit, par la pâleur ou le rougissement, des sentiments internes. Platon pensait que tous les sens se réduisent au toucher puisque toute perception est une palpation, de la lumière sur l'œil, des molécules odoriférantes sur le nez, etc. C'est d'ailleurs le premier sens «éveillé» lors de la vie fœtale et indispensable à la naissance.

La peau est l'organe le plus imposant du corps. D'une surface moyenne de 1,5 m^2, elle pèse entre 3 et 4 kg. Elle est composée de quelque 2000 milliards de cellules de beaucoup de types différents et a une épaisseur de 1 à 4 mm. C'est une enveloppe qui protège des agressions extérieures, qui respire et qui renseigne le cerveau sur tout ce qu'il se passe à l'extérieur, comme la température, la pression, la lumière, etc.

Dans sa mission de renseignement, la peau est équipée d'une formidable batterie de capteurs. À raison de 50 récepteurs par cm^2 en moyenne. Soit quelque 5 milliards de capteurs sur l'ensemble du corps. Inégalement répartis d'ailleurs puisque par exemple les mains et surtout l'extrémité des doigts, ou les zones érogènes, en possèdent beaucoup plus que d'autres parties du corps.

Ces récepteurs sont à la fois présents dans la partie superficielle de la peau, l'épiderme et, dans sa partie plus profonde, le derme, où ils sont d'ailleurs un peu plus nombreux. Ils sont, disons, de deux catégories : à terminaison libre ou à terminaison capsulée. Ils ont des apparences et des fonctions, différentes.

L'importance de la moelle épinière

Les « capsulés » sont des mécanorécepteurs. Ils sont sensibles à la pression, à l'étirement et aux vibrations, en combinaison. L'un d'eux par exemple détectera les pressions fortes, les vibrations de haute fréquence et les étirements alors qu'un autre est « conçu » pour les pressions douces, les vibrations de fréquence basse et les étirements. Les récepteurs à terminaison libre sont eux spécialisés dans la température, la pression, les intrusions extérieures ou l'altération de la peau, les mouvements des poils et les… démangeaisons. Ces capteurs transmettent ce qu'ils « voient » au cerveau par une voie royale : elle va de la peau à la moelle épinière par un nerf dit « afférent », puis au thalamus qui est le dispatcheur des sensations vers les différentes zones du cortex cérébral. On a récemment démontré que, par exemple, des neurones différents étaient affectés d'une part à la sensation de douleur et d'autre part à la sensation de démangeaison.

Et qu'il y avait, dès le niveau de la moelle épinière, comme un «petit cerveau» qui comparait les deux flux d'informations. Des expériences sur les singes ont montré que le fait de se gratter (modérément) faisait baisser l'intensité du signal de démangeaison. Se gratter fait donc (au moins temporairement) du bien. Ce qui ouvre des perspectives sur la mise au point de traitement contre les démangeaisons chroniques importantes, comme c'est le cas dans une cinquantaine de pathologies.

Mais la route est encore longue pour comprendre réellement les mécanismes de ces phénomènes de démangeaison. Et elle passe peut-être par la compréhension d'un autre mystère: pourquoi ne peut-on pas se chatouiller soi-même? En attendant, vous ne vous gratterez plus comme avant.

10

LES FEMMES ONT-ELLES UNE POMME D'ADAM ?

S'il ne l'a pas cueillie, il l'a pourtant bien croquée, la pomme du jardin d'Éden. Et un morceau de ce fruit de «l'arbre de la connaissance du bonheur et du malheur», autrement dit du péché, selon la Bible, lui serait resté en travers de la gorge. Ce serait donc uniquement l'homme qui porterait cette protubérance sur le devant du cou. Mais on oublie un peu vite que la compagne sortie de sa côte a elle aussi croqué dans la fameuse pomme. On ne parle pourtant pas de pomme d'Ève. Car, en fait, hommes ou femmes, nous avons tous une pomme d'Adam. Elle est simplement rarement visible chez la femme car elle est moins protubérante. Elle est d'ailleurs parfois invisible chez l'homme.

Rappelons tout d'abord, par souci de vérité historique, que nos aïeux, au paradis, n'ont pas réellement mangé une pomme. Dans le texte originel de la Bible, il est bien question d'un « fruit ». Ce n'est que lors des traductions ultérieures en latin que ce fruit devint une pomme car les deux mots se disent tous deux *malum*.

La pomme d'Adam est l'un des onze cartilages, animés par cinq muscles, qui forment le « squelette » du larynx. Celui-ci, en forme de tube, au niveau des vertèbres cervicales 3 à 6, va du bas du pharynx et jusqu'à la trachée, la partie supérieure des voies aériennes. Il participe aux fonctions de la respiration, de la déglutition et de la phonation. Il est à la fois rigide et souple.

Le cartilage thyroïde est le plus gros des onze. Il protège les cordes vocales et la glande thyroïde. En forme de papillon, celle-ci chevauche la trachée, à la base du cou. Elle participe à la régulation de l'activité corporelle. Il est donc important qu'elle soit bien à l'abri. Un autre cartilage, l'épiglotte, fait office de couvercle amovible de la trachée. Quand on déglutit, l'épiglotte bascule et vient boucher la trachée. Ce qui permet d'avaler de la nourriture ou de la boisson depuis la bouche vers l'œsophage sans s'étouffer.

La pomme d'Adam est en forme de livre ouvert, avec deux lames carrées, la tranche étant située vers l'avant. En fin de croissance, pendant la puberté, l'angle du livre devient plus saillant et plus fermé chez l'homme que chez la femme. Il se « pince » à 90° environ chez l'homme alors qu'il reste à environ 120° chez la femme. Il vient donc faire saillie sous la peau chez l'homme, donnant cette proéminence laryngée (*prominentia laryngea*) tandis qu'il reste invisible chez la femme.

La testostérone en cause

La responsable de cette différence est une hormone masculine, la testostérone, produite essentiellement dans les testicules des garçons. Au moment de la puberté, les garçons fabriquent de plus en plus de testostérone. Celle-ci va alors aller demander à plusieurs parties du corps de grandir. Ainsi, les cordes vocales se développent et la voix devient plus grave. Le cartilage thyroïde suit le mouvement et grossit.

La testostérone entraîne également la pousse de poils sur le torse et le visage. Les hormones sexuelles féminines, les œstrogènes, entraînent également le grossissement de certaines parties du corps des femmes comme la poitrine. Mais pas leur pomme d'Adam.

Il existe en revanche une protubérance osseuse presque exclusivement féminine, l'*hallux valgus*. Plus connu sous le nom d'« oignon » aux pieds. Il touche 5 à 10 % de la population française, dont 95 % sont des femmes. Et dans plus de 90 % des cas, il apparaît entre 40 et 50 ans. L'*hallus valgus* est une déformation du gros orteil qui est désaxé vers l'extérieur et laissant apparaître une zone enflammée et gonflée au niveau de l'articulation avec le pied.

Sans que l'on connaisse exactement toutes les causes de son apparition, on sait que l'*hallux valgus* est favorisé par le port de certains types de chaussures, celles à talons hauts ou celles à bouts pointus qui compriment le bout du pied, mais aussi par la forme du pied, l'avant-pied large et le premier orteil plus long que les autres, caractéristique du pied dit égyptien. Des facteurs hormonaux, en particulier la ménopause, favoriseraient également l'*hallux valgus*. Finalement, nous autres hommes n'avons pas à nous plaindre de notre pomme d'Adam. Ni, en général, de nos chaussures.

11

LES OISEAUX DORMENT-ILS EN VOLANT ?

À l'heure où l'on construit des instruments scientifiques capables de reproduire des réactions thermonucléaires qui font briller des soleils, à l'heure où l'on décortique les génomes des êtres vivants et où l'on manipule les atomes un par un, on reste ridiculement ignorant de ce qu'il se passe dans une tête de piaf. En particulier sur la façon dont les oiseaux dorment. La seule certitude, c'est qu'ils « connaissent » le sommeil et ses différentes phases, dont le sommeil dit paradoxal. Et on a pu l'étudier, un peu, chez les volatiles qui dorment sur le sol. Le reste est encore en grande partie un mystère.

Les oiseaux sont, comme les mammifères et donc l'homme, des animaux homéothermes, c'est-à-dire qu'ils régulent leur température interne (autour de 42 °C). Le squelette d'un oiseau n'est pas non plus fondamentalement différent de celui d'un homme. Les mêmes éléments sont présents, aussi bien au niveau des os que des organes.

Mais il existe bien sûr des différences pour que l'oiseau puisse voler. D'abord au niveau de ses os, qui sont creux pour gagner en légèreté. Leur solidité est assurée par un système d'entretoises internes. Autre différence, les membres supérieurs (les ailes) garnis d'un ingénieux système de plumes, et les membres inférieurs. Même si les pattes d'un oiseau ne sont pas semblables d'une espèce à l'autre, elles ont une architecture commune. Ceux qui se nourrissent dans les eaux peu profondes ont des pattes allongées, ceux qui passent leur vie dans le ciel ont des pattes plus courtes. Un oiseau a quatre doigts, généralement trois vers l'avant et un vers l'arrière. Ils peuvent là aussi être longs, courts ou unis par une membrane pour donner par exemple les pattes palmées.

Mais elles ont, pour les oiseaux perchés, un secret. Qui leur permet de dormir sur une branche sans tomber. Un ingénieux système de poulie et de corde qui parcourt la patte de haut en bas va automatiquement fermer les doigts de l'oiseau quand il se pose. C'est le tendon fléchisseur du muscle de la cuisse, qui passe devant le genou, autour de la cheville et s'attache sous les phalanges, qui fait office de « bobinette ». Sous le seul poids du corps de l'oiseau, les pattes se replient et les doigts se bloquent en position fermée, faisant comme une pince-étau autour du support sur lequel se trouve l'oiseau. Il peut donc, s'il le veut, tranquillement s'endormir sans craindre de tomber. Un système analogue est utilisé par la chauve-souris pour se suspendre tête en bas. Pour « débloquer » la pince-étau, il suffit à l'oiseau de se redresser et de battre des ailes pour qu'automatiquement elle s'ouvre et qu'il puisse s'envoler.

Le canard ne dort que d'un œil

Tandis que l'homme passe *grosso modo* un tiers de sa vie à dormir, les oiseaux semblent ne dormir que par courtes tranches. Et leur sommeil n'est pas tout à fait le même que le nôtre. Ainsi, par exemple, le canard. Il dort posé au sol, soit sur ses pattes, soit sur le ventre, la tête tournée vers l'arrière, le bec glissé sous les grandes plumes qui ornent son dos. Donc, entre parenthèses, il ne dort pas à proprement parler la tête sous l'aile comme on le dit. Mais en revanche, il ne dort que d'un œil. Qui peut être le droit ou le gauche, puisqu'ils sont indépendants.

Un canard semblant endormi est capable d'avoir bien des activités. Il cligne d'un œil entre 5 et 40 fois par minute. S'il est sur l'eau, tout en dormant, il peut agiter ses palmes pour ne pas dériver. Certaines espèces de canard sont capables, tout en dormant, de pivoter pour suivre la course du soleil afin de profiter au mieux de son rayonnement. Des expériences ont montré que dans un groupe de colverts posés sur l'eau, les individus situés au centre du groupe n'ouvraient que très peu l'œil tandis que ceux situés à la périphérie ouvraient plus fréquemment l'œil situé côté extérieur.

Les oiseaux migrateurs

Reste le mystère des oiseaux migrateurs, comme le martinet, ou des grands voyageurs, comme l'albatros, capables de parcourir des centaines de kilomètres sans se poser. L'une des explications est qu'ils seraient capables de ne pas dormir pendant très longtemps. Mais on est presque sûr qu'ils peuvent dormir tout en volant. Sans pouvoir expliquer comment.

Deux théories principales existent. L'une postule que ces oiseaux seraient capables de mettre en sommeil alternativement leurs hémisphères cérébraux droit et gauche. Une moitié du cerveau en veille, l'autre en sommeil. L'autre théorie est qu'ils seraient capables d'alterner veille et sommeil de façon très rapide. Quelques secondes de sommeil suivies de quelques secondes de retour à la veille pour assurer les battements d'ailes, puis de nouveau quelques secondes de sommeil, et ainsi de suite. La survie est à ce prix et ne laisse que peu de place pour le rêve.

12

POURQUOI LES ÉPONGES ÉPONGENT-ELLES ?

Alphonse Allais disait malicieusement que si la Méditerranée ne débordait pas, en dépit des grands fleuves qui s'y jettent, c'est que la providence avait prévu cette catastrophe et avait mis des éponges dans la mer. Il semble que les éponges marines aient commencé à être exploitées par les Crétois qui, deux siècles avant J.-C., les ramassaient sur les plages.

On a aujourd'hui recensé plusieurs milliers d'espèces d'éponges et on sait qu'elles occupent tous les milieux aquatiques, eau douce et eau de mer, depuis les profondeurs abyssales jusqu'aux zones de surface et sous tous les climats. Elles existent depuis au moins 600 millions d'années et ont des propriétés extraordinaires.

Longtemps, on a pensé que les éponges étaient des plantes. La diversité de leurs formes les fait ressembler à des bosquets, comme des tas de branches ou même des arbustes. Mais, en fait, ce sont bel et bien des animaux. Parmi les plus primitifs peut-être, mais ce sont bien des animaux pluricellulaires. Les éponges peuvent être très petites ou très grosses, de quelques millimètres à plusieurs mètres de longueur. Elles offrent également une grande diversité de couleur, du gris au brun en passant par le bleu, le vert ou le jaune.

Elles n'ont pas vraiment de tissus différenciés et n'ont pas d'organes à proprement parler : ni bouche, ni yeux, ni cœur, ni foie, etc. Elles ne possèdent pas non plus de système nerveux ou hormonal mais ont néanmoins quelques cellules nerveuses dispersées dans leur enveloppe.

Une éponge peut être comparée dans sa forme la plus simple à un sac percé d'une multitude de petits trous avec une vraie ouverture à l'une de ses extrémités. Le sac est constitué principalement de deux couches de cellules. La couche externe joue le rôle de peau. L'autre couche, interne, est formée de cellules munies d'un flagelle, une espèce de petit fouet que la cellule peut agiter. Entre ces deux couches, on trouve comme une gelée dans laquelle baignent d'autres cellules, comme celles capables de fabriquer les spicules qui formeront le squelette de l'éponge. Ce dernier peut être en calcaire, en silice ou en protéine. La protéine utilisée par certaines éponges pour édifier leur squelette s'appelle la spongine. Il s'agit d'une protéine soufrée et iodée, semblable au collagène, avec du soufre et de l'iode, une molécule qui donne résistance et élasticité à notre peau.

Chez l'éponge, alimentation et respiration sont liées. En agitant leurs flagelles, les cellules de la couche interne de l'éponge créent un courant permanent d'eau, de l'extérieur de l'animal vers l'intérieur avant de la faire ressortir. Et les cellules qui baignent dans ce flux prélèvent directement au passage les nutriments et l'oxygène dont elles ont besoin. Pour favoriser ces échanges, le squelette joue un double rôle, physique et biochimique, en créant des milliers de petites poches hydrophiles, c'est-à-dire qu'elles ont la capacité d'absorber l'eau. Elles gonflent alors et acquièrent élasticité et douceur.

Certaines peuvent vivre jusqu'à plusieurs milliers d'années

C'est là le secret de l'utilisation humaine de l'éponge. C'est pour cela qu'elle éponge. Bien sûr, une éponge tout juste sortie de l'eau n'éponge rien. Elle est souvent grisâtre et dégage une odeur forte. Il faut donc la rincer abondamment pour éliminer toutes les substances organiques. Il faut ensuite la stériliser et la blanchir. Et elle peut alors finir dans nos salles de bains.

En l'utilisant, pensez que des études ont montré que certaines pouvaient vivre à de très grands âges, jusqu'à plusieurs milliers d'années. Ce qui en ferait les animaux, et les êtres vivants, possédant la plus grande longévité au monde. Un argument sans doute insuffisant pour souhaiter être réincarné en éponge.

13

À QUOI RÊVENT LES ANIMAUX ?

Le sommeil n'est pas forcément de tout repos. Car les rêves ou les cauchemars peuvent nous emmener dans de folles aventures exténuantes. Et ce qui est valable pour l'homme l'est également pour les animaux. Car il semble bien démontré qu'ils rêvent eux aussi. Et que leurs rêves reflètent leur activité précédant le sommeil. C'est une très jolie expérience menée au Massachusetts Institute of Technology qui le montre. L'activité cérébrale de quatre rats a été enregistrée alors qu'on les faisait courir dans des roues en leur offrant des récompenses. Leur activité cérébrale ainsi que leurs mouvements oculaires ont continué à être enregistrés une fois endormis. Pendant les phases correspondant aux rêves, leur activité cérébrale reproduisait celle enregistrée pendant la course dans les roues. Et ce de manière si exacte que les chercheurs étaient capables de dire à quel endroit de la roue se trouvait virtuellement l'animal.

Le rêve reste, chez l'homme, en partie mystérieux. Plusieurs écoles proposent différentes façons de les interpréter. Au niveau physiologique, il semblerait que les rêves soient un « sous-produit » du rangement effectué par le cerveau dans les « enregistrements » qu'il fait en continu tout au long de la journée. On a longtemps pensé que les rêves ne se produisaient que dans les phases du sommeil dit « paradoxal » (nommé ainsi car le corps est alors complètement mou mais l'activité cérébrale intense). Mais on pense maintenant que des rêves peuvent également survenir pendant les phases de sommeil lent.

Néanmoins, l'étude du rêve animal s'attache à la détection du sommeil paradoxal. Tout propriétaire d'un chat ou d'un chien a pu constater que parfois, pendant son sommeil, celui-ci s'agite, remue les pattes, couine... C'est qu'il rêve. Qu'il revit des scènes de chasse, des peurs, des moments de contentement. Mais tous les animaux ne présentent pas de sommeil paradoxal. Ainsi, les poissons, les reptiles (à l'exception peut-être de la tortue) et les insectes ont des états de repos sans rêve.

Ce qui n'est pas le cas chez les oiseaux. Avec deux particularités : les phases de sommeil paradoxal sont très courtes – de quelques secondes à une minute au maximum – et beaucoup plus nombreuses chez les oisillons que chez les adultes.

L'homme entre la taupe et le porc

L'existence du sommeil paradoxal chez l'ensemble des mammifères est une certitude, sauf pour deux espèces, le dauphin et l'échidné. Ainsi, le sommeil de plus d'une centaine d'espèces de mammifères a déjà été enregistré. Et a révélé quelques surprises, mettant en lumière de gros et de petits rêveurs. Alors que certains accordent au sommeil paradoxal une grande importance pour le développement des fonctions supérieures du cerveau, les deux plus gros rêveurs sont deux des mammifères les plus primitifs, le tatou géant et l'opossum, avec 6 et 5 heures de sommeil paradoxal sur leurs 18 heures de sommeil quotidien. Avec 2 heures en moyenne de sommeil paradoxal par nuit, l'homme se situe entre la taupe et le porc, loin derrière le hérisson, le chat ou la chauve-souris.

Les phases de sommeil paradoxal alternent avec des phases de sommeil lent. Là aussi, la durée moyenne entre chaque parenthèse de sommeil paradoxal varie beaucoup. Ainsi, il se manifeste en moyenne toutes les 4 minutes chez la souris, toutes les 27 minutes chez le chat, toutes les 60 minutes chez le cheval, toutes les 90 minutes chez l'homme et toutes les 100 minutes chez l'éléphant. Cette périodicité semble liée au métabolisme de base (consommation d'oxygène par gramme de poids et par heure) des animaux, sauf pour les ruminants. La souris a un métabolisme de base 25 fois plus grand que l'éléphant et a une périodicité de sommeil paradoxal 25 fois plus rapide que le pachyderme. Elle rêve donc beaucoup plus fréquemment, mais à chaque fois bien moins longtemps.

Fossiles de rêves

Les durées des parenthèses paradoxales varient également, de quelques secondes chez les oiseaux à moins d'une minute chez la souris, à vingt minutes chez l'homme en passant par une quinzaine de minutes chez le cheval (uniquement lorsqu'il dort couché, puisqu'il peut aussi dormir debout) et à cinq minutes chez la chèvre. La tortue, qui passe la moitié de son temps immobile, présente quelques signes de sommeil paradoxal, tout comme le caïman, qui, la nuit et une bonne partie de la saison hivernale, est dans un état de léthargie, et serait dans un état proche du sommeil paradoxal 7 à 8 minutes par jour.

Deux questions restent ouvertes. Qui fut le premier à rêver sur Terre et quand (on ne risque pas de trouver de fossiles de rêve) ? Et les animaux rêvent-ils avec des images ? Il faudra soit trouver le moyen de transformer les enregistrements d'activité électrique en image… soit leur apprendre à parler.

14

COMMENT LA MOUSTIQUE CHOISIT-ELLE SES VICTIMES ?

Nul n'est plus censé l'ignorer, le moustique n'y est pour rien. Dans la famille des diptères (insectes à deux ailes), c'est bien la « moustiquette » qui est responsable des rougeurs, boutons et démangeaisons. Grossesse oblige. Un peu de sang est en effet nécessaire à la maturation de ses œufs. Le mâle, lui, sait se contenter du nectar sucré des fleurs, participant ainsi à la pollinisation, son autre tâche étant de répondre aux appels de madame. Une fois fécondée, la future mère doit absolument passer à « table » pour prendre son repas. Mais la moustique, selon l'espèce à laquelle elle appartient, a ses préférences et ne s'invite pas au hasard. Elle peut préférer les chevaux, les chiens, les vaches ou… les humains.

Sur Terre, trois animaux sur quatre sont des insectes. En France, on estime qu'il y en a quelque 35 200 espèces. Dont 6 500 espèces de mouches et de moustiques. Parmi les 3 000 espèces de moustiques, quelque 300 piquent l'homme. Sous nos latitudes, très peu transmettent des maladies. Pour l'instant, car le réchauffement climatique global pourrait bien changer la donne. D'où l'importance de comprendre non seulement le cycle de reproduction des moustiques, celui des parasites qu'il peut héberger et transmettre, mais aussi les raisons pour lesquelles telle cible est choisie plutôt que telle autre.

Pour savoir quelles sont les « peaux à moustiques », il faut se mettre dans la leur. Voir avec leurs yeux. Entendre et sentir comme eux.

Deux organes pour la vision

La tête du moustique est pourvue d'une multitude de petits bijoux « technologiques » comme des détecteurs de mouvement, de lumière, de vibration ou d'odeurs. Les fonctions d'olfaction et d'audition, autrement dit le nez et les oreilles, sont assurées par des antennes, plus velues chez le mâle que chez la femelle. La « bouche » de l'insecte comporte des organes capables de palpation quand il est posé. La vision dispose de deux organes. Des ocelles, sorte d'yeux primitifs incapables de former des images mais qui renseignent l'animal sur l'intensité de la lumière. Et des yeux composés de très nombreuses facettes (appelées ommatidies). Leur nombre varie de moins de 10 (6 à 9 chez la fourmi) à quelques milliers (20 à 30000 chez certaines libellules). Ces yeux permettent une meilleure vision que ceux, par exemple, des araignées mais sont tout de même bien différents des nôtres. L'image formée est équivalente à celle que nous aurions en nous mettant devant les yeux des passoires. La perception des couleurs est elle aussi différente : elle est décalée vers le violet. Les insectes ne voient pas le rouge lointain mais perçoivent plus d'ultraviolet que nous. Ainsi, certains objets, comme des fleurs ou la peau, nous apparaissent unis alors qu'ils sont bigarrés aux yeux des insectes.

Outre cette détection des mouvements et des couleurs, la moustique femelle va être attirée principalement par deux types d'odeurs : celle du gaz carbonique et celle d'acides gras. On a ainsi pu constater qu'une peau exhalant plus de gaz carbonique qu'une autre attirait plus les piqueuses. Et un épiderme dont la sueur était riche en acides gras, comme l'acide butyrique, aux relents ammoniaqués, était un mets apprécié.

Seringue perforante

La moustique, pendant sa quinzaine de jours d'existence, navigue donc à l'œil et au nez, la perception des sons étant surtout utile pour attirer ou repousser les mâles. Une fois posée, elle déploie sa seringue, un organe piqueur-suceur qui va perforer la peau de sa victime pour atteindre un capillaire sanguin (contrairement aux abeilles ou aux mouches qui sont du type lécheur-suceur). Les maxilles – l'aiguille de la seringue – pénètrent l'épiderme et les mandibules servent à maintenir la trompe. Elle y injecte une salive anticoagulante – responsable du bouton et des démangeaisons – et pompe un peu de sang. C'est à ce moment-là que des transmissions de parasites peuvent se faire : les *Aedes* peuvent transmettre la dengue, la fièvre jaune ou le chikungunya, les anophèles le paludisme ou les *Culex* le virus du Nil.

Des expériences ont même montré que des personnes infectées par ces parasites étaient plus « visibles » pour les moustiques, donc plus piquées, contribuant ainsi à une plus large dissémination du parasite.

Autant de données qui pourraient servir à la réalisation de pièges à moustiques. Mais le 100 % de capture est très aléatoire. Insecticides, répulsifs, moustiquaires, vêtements couvrants, toute la panoplie classique de protection reste encore à l'ordre du jour. À moins que l'on ne découvre comment contrôler son taux d'émission de gaz carbonique ou la composition de sa sueur, nous resterons longtemps, aux yeux des moustiques, des tables de choix.

15

LES POISSONS BOIVENT-ILS DE L'EAU ?

Ils y sont constamment immergés. Et pour cause, ce sont les poissons. Pour nager, respirer, manger, dormir… Sans rêver ni se noyer. On pourrait croire qu'avec toute cette eau omniprésente les poissons n'ont pas besoin de boire. Pourtant, ils n'échappent pas aux lois de la biologie. S'ils ne pouvaient boire, ils ne pourraient vivre. Mais ce qui est valable pour certains poissons ne l'est pas pour d'autres. Car, si certains buvaient, ils se noieraient.

Il n'y a plus, en fait, que le grand public (nous) pour parler de « poisson ». Pour les scientifiques du domaine, ce terme n'a plus de sens. Et il est facile de comprendre pourquoi. La diversité de la faune aquatique est aussi grande que celle qui vit sur Terre. Certains poissons ont des comportements et des apparences d'insectes, d'autres d'éléphants, d'autres encore de tigres ou d'oiseaux. D'où, d'ailleurs, des noms évocateurs comme poisson-pingouin, chauve-souris, écureuil ou dindon… Sur les quelque 25 000 espèces connues, 40 % vivent en eau douce et 58 % dans les mers et océans. Certains pèsent des tonnes, d'autres seulement quelques grammes. Il y a des carnivores, des herbivores, des omnivores… Certains nagent près de la surface, d'autres hantent les profondeurs. Ils présentent une multitude de formes, se reproduisent de mille façons, mais certains mécanismes physiologiques assurant leur survie sont communs à tous.

Quels que soient sa forme et son emplacement, la bouche des poissons, comme la nôtre, sert à la respiration et à l'alimentation. L'eau y entre et peut ressortir de deux manières.

Osmose totale

La première lui permet de respirer. L'eau entrée par la bouche est expulsée par les ouïes, situées en arrière d'elle, qui communiquent avec le pharynx de l'animal. Dans ces ouïes se trouvent les branchies (le plus souvent 5 paires), recouvertes sur leur côté interne par des « couvercles », les opercules. La synchronisation des mouvements de la bouche et des opercules (ouverture, fermeture) assure la circulation de l'eau à travers des lamelles branchiales. Celles-ci possèdent un très important réseau de petits vaisseaux sanguins, d'où leur couleur rouge intense. Plus il y a de vaisseaux, meilleure est la récupération de l'oxygène présent dans l'eau.

Et comme il n'y a qu'un pour cent d'oxygène dans l'eau, les branchies ont tout intérêt à être performantes. Certaines espèces réussissent à récupérer un record de 80 % de l'oxygène présent.

La seconde façon pour l'eau – et les aliments qu'elle peut contenir – de sortir du poisson est de le parcourir de bout en bout et de regagner l'extérieur par la vessie. L'eau et le poisson sont en osmose totale. Il baigne dedans à l'intérieur comme à l'extérieur. Mais l'osmose, si l'on peut dire, va plus loin. Car l'osmose est, scientifiquement parlant, un phénomène physique concernant deux liquides de salinité différente séparés par une membrane laissant passer l'eau. Celle-ci va « spontanément » vouloir aller dans le liquide le plus concentré pour égaliser les choses. Si un réservoir d'eau douce et un d'eau salée sont ainsi accolés, un « courant » d'eau va se former depuis l'eau douce vers l'eau salée.

Tendance à se déshydrater

Conséquence, les poissons d'eau douce ne sont pas d'aussi grands buveurs que les poissons d'eau de mer, loin de là. L'eau de mer étant plus concentrée que le corps du poisson, il a tendance à perdre son eau et à se déshydrater. Il doit donc boire beaucoup et constamment. À l'inverse, son congénère d'eau douce est plus « salé » que le liquide dans lequel il baigne. Il ne doit donc pas retenir d'eau sous peine de gonfler jusqu'à éclater. Il lui est donc presque « interdit » de boire.

Mais la nature ne peut jamais s'empêcher de faire la maligne et de nous proposer des exceptions.

Ainsi, les requins et les raies, magnifiques poissons au long cours, ne boivent pas. Ils réussissent à équilibrer leur pression osmotique en augmentant leur concentration interne en urée (ils possèdent une substance, l'oxyde de triméthylamine, qui les protège des effets toxiques de l'urée). Ils deviennent donc aussi « salés » que l'eau de mer et rejettent autant d'eau qu'ils en absorbent. Un autre cas particulier est celui des poissons qui vivent alternativement en mer et en rivière, comme les saumons et les anguilles. Leur organisme est adapté aux deux cas : ces espèces savent boire ou être sobres. Et ont également développé une maîtrise de leur teneur interne en urée : en eau douce, elles font baisser sa concentration tandis qu'en eau salée, elles l'augmentent. Ce n'est, après tout, pas la mer à boire.

16

POURQUOI LES ÉLÉPHANTS SONT-ILS PLUS GROS QUE LES LIONS ?

« Jupiter dit un jour : "Que tout ce qui respire s'en vienne comparaître aux pieds de ma grandeur." » Dans la fable *La Besace*, signée Jean de La Fontaine, les animaux se rengorgent de leur apparence et critiquent celles des autres. Le singe se moque de l'ours, qui lui-même se gausse de l'éléphant (« une masse informe et sans beauté »), ce dernier trouvant la baleine trop grosse… C'est à un autre genre de comparaison que se sont livrés des chercheurs de la société de zoologie de Londres avec des résultats étonnants.

Ils ont voulu savoir pourquoi les herbivores pouvaient être beaucoup plus grands que les carnivores. Et ont pu montrer que ce n'est pas le régime alimentaire en lui-même qui compte mais la façon de se le procurer. Si l'éléphant est plus gros que le lion, c'est surtout parce qu'il n'a pas besoin de courir après son repas.

Les chercheurs ont mis les carnivores en équations. Ils ont mis en rapport le poids des animaux, leur vitesse de course pendant une chasse, la durée de celle-ci et les dépenses énergétiques que cela implique avec les apports obtenus par la dégustation des proies attrapées. On s'aperçoit ainsi qu'il y a deux catégories de carnivores : ceux qui chassent des proies bien plus petites qu'eux, et ceux qui s'intéressent à des proies qui ont sensiblement leur gabarit. Les premiers sont des animaux qui ne pèsent pas plus d'une quinzaine de kilos, comme les coyotes, les martes ou les lycaons (chiens de savane en Afrique). Les seconds, comme les lynx, les loups ou les lions, peuvent atteindre plusieurs centaines de kilos. Le « champion » en la matière est l'ours polaire, dont le poids moyen est d'environ 500 kg mais qui parfois peut s'approcher de la tonne. Parmi les mammifères carnivores disparus, les plus gros, comme les tigres à dents de sabre, le lion d'Amérique ou l'ours géant à face courte, atteignaient souvent la tonne.

Les grands carnivores ont des repas nettement plus riches en termes d'apport calorique que les petits, car leurs proies sont plus grosses. Mais en contrepartie, ces proies sont beaucoup plus difficiles à attraper et ils doivent dépenser deux fois plus d'énergie qu'un petit carnivore qui s'attaque à de petites proies. En analysant la balance entre énergie dépensée et reçue, les chercheurs concluent que la tonne est effectivement le poids limite pour un carnivore. Au-delà, la dépense énergétique nécessaire à la chasse n'est pas compensée par l'apport calorique du repas.

Chasse en meute pour poids légers

Il est intéressant de comparer les canidés – loups, coyotes, chacals ou renards – et les félidés – chats, lynx, panthères ou lions. Qu'ils soient petits ou grands carnivores, ils ont des comportements différents. Les canidés sont en général plus sociaux, chassent en meute, tandis que les félidés peuvent être des chasseurs solitaires. La chasse en meute permet aux canidés de s'attaquer à des proies plus grosses avec une dépense énergétique moindre que s'ils étaient seuls. Les lions et lionnes ont eux aussi des stratégies de chasse en groupe. Le lion, qui peut atteindre un respectable 250 kg, dépense donc beaucoup d'énergie pour ses déplacements et la chasse. C'est pourquoi il passe 90 % de son temps inactif. Une stratégie d'économie qui se retrouve chez l'ours polaire, qui entrecoupe ses périodes d'activité de courtes périodes d'hibernation.

Un herbivore n'a pas, lui, à dépenser autant d'énergie pour manger. Il peut donc être beaucoup plus gros. Un éléphant pèse de 5 à 7 tonnes et peut mesurer jusqu'à 4 mètres de haut. Il est deux fois et demie plus lourd qu'un hippopotame, de 4 à 5 fois plus lourd qu'un rhinocéros. L'un des plus gros mammifères herbivores ayant jamais existé, l'indricothère (il y a 30 millions d'années), pesait autour de 15 tonnes et mesurait 7 mètres.

Et les dinosaures, allez-vous me dire ? Les tyrannosaures et autres giganotosaures ne pesaient-ils pas plusieurs tonnes ? Or ils étaient bien carnivores, non ? C'est que ce n'étaient pas des mammifères. Étant des reptiles, leur métabolisme était très différent. Il était plus bas que celui des mammifères, et, à dépense énergétique égale, ils pouvaient donc être plus gros. C'est également vrai des dinosaures herbivores, certains ayant atteint, estime-t-on, les 45 tonnes. Poids que certaines études récentes estiment d'ailleurs exagéré.

Une des conséquences les plus importantes de ces études est de montrer que les grands carnivores sont en fait très vulnérables aux changements de l'environnement. On a pu voir qu'au cours des âges ils ont un taux d'extinction plus élevé que les petits mammifères carnivores terrestres. Aujourd'hui, par exemple, nul ne sait si le réchauffement climatique planétaire aura des conséquences positives ou négatives sur les populations d'ours polaires.

17

LE CORBEAU A-T-IL UNE MÉMOIRE D'ÉLÉPHANT ?

Il est bien connu que l'éléphant n'oublie ni un compliment ni, surtout, un affront. Qu'il sait mémoriser ses pistes de déplacement et les endroits où il peut au mieux se nourrir en fonction des conditions climatiques. Qu'il conservera toute sa vie les liens d'autorité et d'affection qu'il aura établis avec les humains dans son jeune âge. Mais l'expression *avoir une mémoire d'éléphant*, qui veut dire « avoir une très bonne mémoire », est tout à fait injuste pour de nombreuses autres espèces animales.

Car beaucoup ont des capacités de mémorisation étonnantes qui dépassent, et de loin, ce que l'on a coutume d'appeler le simple instinct ou l'action des réflexes. Comment sinon un écureuil pourrait-il retrouver toutes les provisions qu'il a cachées dans un grand nombre d'endroits plusieurs mois après l'avoir fait ?

La mémoire reste en grande partie mystérieuse. Ce que l'on en sait vient d'ailleurs essentiellement d'expériences réalisées sur, ou avec, des animaux. Et pour mieux apprécier les capacités animales, il faut tout d'abord définir ce qu'est la mémoire. Ou plutôt ce que sont les mémoires. On peut en distinguer cinq grands types chez l'homme. Celles qui concernent le long terme sont au nombre de trois : la mémoire perceptive (images, sons...), la mémoire sémantique (connaissances générales) et la mémoire épisodique (événements liés à des contextes précis).

Elles se nourrissent évidemment les unes les autres et interagissent entre elles. Pour le court terme, il y a une mémoire de travail. Et nous possédons normalement une mémoire spéciale pour tout ce qui est apprentissage : apprendre à faire du vélo ou mémoriser un poème par exemple.

On a longtemps cru qu'il y avait un QG de la mémoire, une zone où étaient stockés les souvenirs. Ce n'est pas le cas. Et on a même cru que la mémoire pouvait avoir pour support des molécules bien précises. Ce qui voulait dire qu'en faisant une décoction d'une partie de cerveau, et en l'injectant dans un autre, on pouvait transmettre les souvenirs d'un individu à un autre. De telles expériences troublantes ont bien été menées chez des invertébrés très rudimentaires mais la théorie de la molécule a fait long feu.

L'Albert Einstein des volatiles

Grâce à l'imagerie médicale moderne, on voit quelles sont les parties du cerveau qui s'activent lorsque l'on sollicite telle ou telle mémoire. On sait que l'hippocampe, une petite structure au centre du cerveau, joue un rôle important dans tous les processus de mémorisation, mais tous les cortex, le préfrontal, le temporal ou le pariétal, sont sollicités.

Et la mémoire est indissociable des capacités d'apprentissage et d'innovation. C'est d'ailleurs la première façon de tester la capacité de mémorisation d'un animal. Et si on sait que les primates ou les cétacés y parviennent très bien, on sait moins que des insectes en sont également capables.

Des expériences ont ainsi été menées sur des abeilles, avec leur cerveau d'un millimètre cube. On envoie une certaine odeur sur leurs antennes et on leur présente une solution sucrée. Elles étirent alors la trompe qui leur sert à butiner pour profiter de la solution sucrée. Puis, au bout d'un certain temps, on ne fait que leur envoyer l'odeur sans la solution sucrée. Elles continuent pourtant d'étirer leur trompe. Elles ont mémorisé l'association odeur-récompense sucrée. L'expérience marche aussi avec les fourmis.

Autres animaux surprenants, les oiseaux. Bien que leur cerveau soit pratiquement dépourvu de cortex cérébral, ils sont capables de réaliser des prouesses de mémorisation. Pas tous les oiseaux, bien sûr. Une étude canadienne portant sur plus de 800 espèces de volatiles de par le monde a pu établir un classement selon l'« intelligence » de l'animal. C'est-à-dire ses facultés d'apprentissage et d'utilisation d'un outil.

C'est le groupe des corvidés, les corbeaux, geais et autres corneilles, qui est arrivé largement en tête (en queue de peloton, on trouve les faisans, les cailles ou l'autruche). Le grand corbeau (*Corvus corax*) avec son cerveau qui, toutes proportions gardées, est sept fois plus gros que celui du pigeon, semble bien être l'Albert Einstein des volatiles. On en a vu qui ont appris à compter jusqu'à 7 ou 8. On en a vu qui utilisaient des outils : ils prennent des feuilles rigides pour en faire des baguettes avec lesquelles ils attrapent des insectes.

Plus fort encore, une équipe de chercheurs allemands a très récemment montré que des pies avaient passé le test du miroir. En quoi cela consiste-t-il ? Le but de l'expérience est de savoir si l'animal a conscience de lui-même. Pour cela, on le place face à un miroir. Il voit soit un autre animal, soit son propre reflet. Mais comme il ne peut pas parler, il faut trouver une astuce. Alors à un moment, on le met face au miroir en ayant peint une grosse tache de couleur sur son corps. S'il se tourne vers son propre corps pour observer ou enlever la tache, c'est qu'il a conscience de lui. C'est ce qui s'est produit avec ces pies.

18

LES OISEAUX SE CACHENT-ILS POUR MOURIR ?

Ils sont des dizaines de millions à sillonner le ciel au-dessus de nos têtes, à nous observer du haut de branches d'arbres, de cheminées ou de fils électriques. Ils ne vivent que quelques années, parfois dix ou vingt ans, et pourtant, on ne voit presque jamais de cadavres d'oiseaux, même lorsque l'on approche de l'hiver. Y a-t-il un cimetière secret pour volatiles comme l'on croyait jadis qu'il y avait un cimetière des éléphants ? Les seules fois où l'on peut voir un corps sans vie d'oiseau sont lorsqu'il meurt par accident, pigeon écrasé en ville par exemple, par maladie, comme la grippe aviaire ou encore sous les plombs des chasseurs. Mais proportionnellement à leur nombre, force est de constater que leurs dépouilles visibles sont très peu nombreuses.

Plusieurs explications peuvent être avancées. La première est que nombre d'oiseaux meurent sous les crocs de leurs prédateurs. Il ne reste donc très vite plus trace de leur corps. La deuxième explication est qu'effectivement beaucoup d'animaux blessés ou en fin de vie se cachent. Pas pour mourir, mais pour tenter de survivre. C'est un réflexe animal : les bêtes affaiblies recherchent un abri, au fond de buissons, sous des roches, dans une anfractuosité, etc., de manière à se protéger de leurs prédateurs et à préserver leurs éventuelles chances de guérison ou de survie. Mais même ces cadavres-là, on ne les voit pas. La faute en est essentiellement à ce que l'on appelle la chaîne alimentaire.

C'est en quelque sorte la grande lessive du recyclage des matières biologiques par le biais du « qui mange qui ». C'est une chaîne en forme de boucle dont les végétaux et les animaux sont les maillons. Partons des végétaux. Ils sont capables, par photosynthèse, de fabriquer de la matière organique à partir d'eau, du gaz carbonique (le CO_2) de l'air et de la lumière du soleil. Ces végétaux vont être consommés par les herbivores. Ces herbivores vont eux-mêmes être mangés par des carnivores. On distingue d'ailleurs deux types de carnivores : ceux que l'on appelle « primaires » qui ne chassent que les herbivores ; ceux que l'on appelle « secondaires » se repaissent à la fois d'herbivores et de carnivores primaires.

Au dernier maillon de cette chaîne, et pas le moins important, on trouve les « décomposeurs ».

Ce sont de tout petits organismes qui ont une puissance démesurée. Ils sont capables de « démonter » tous les autres maillons. Parmi eux, on trouve par exemple les lombrics (les vers de terre), des bactéries et des moisissures (des champignons). Ils vont réduire la matière organique en charpie, en séparer un à un tous les composants de manière à les rendre à nouveau disponibles pour… les végétaux. La boucle est bouclée.

Quelques semaines, et il ne restera plus rien

Les décomposeurs interviennent en fait à tous les niveaux de la chaîne. Ce que les carnivores vont laisser d'un cadavre, les décomposeurs vont s'en charger. Et avec eux, cela ne traîne pas. Quelques semaines, et il ne restera plus rien. Seuls les os et plus encore les dents, ou le bec, subsisteront plus longtemps.

Pour finir, au cas où vous tomberiez sur un cadavre d'oiseau (cela arrive quand même), dites-vous que ce n'est pas tout à fait normal et que des précautions de bons sens s'imposent : ne pas toucher l'animal sans gants, le placer si possible dans un sac étanche, se laver soigneusement les mains après. Le contexte peut alerter sur un éventuel danger de maladie. Ainsi, la découverte de plusieurs oiseaux morts, de la même espèce, dans un rayon proche et sur une courte période doit conduire à contacter les services vétérinaires départementaux ou les services d'hygiène communaux. Et à laisser les spécialistes s'en occuper.

19

POURQUOI LE TIGRE EST-IL RAYÉ ET LE LÉOPARD TACHETÉ ?

Le grand décorateur de la Nature s'en est donné à cœur joie. Rayures, taches, zébrures, hachures, striures, mouchetures, en noir et blanc ou en couleur, le monde animal a des stylistes de mode que les femmes pourraient bien jalouser. Mais tous ces pelages ne sont pas là, en général, que pour « faire joli ». Ils ont, estime-t-on, d'autres utilités. Même si on ne comprend pas, parfois, l'intérêt de tel ou tel motif ou couleur. Et même si on ne comprend pas vraiment pourquoi le léopard a une robe tachetée tandis que le tigre est rayé, tout comme le zèbre, pourquoi les taches de la girafe sont très grandes ou pourquoi certains animaux ont le corps tacheté et la queue rayée, mais jamais l'inverse. Ou pourquoi y a-t-il beaucoup d'animaux sans taches ni rayures qui se contentent de pelages uniformes ? Un éléphant ne serait-il pas encore plus majestueux avec des taches ou des rayures ? Un rongeur n'aurait-il pas plus de chances de survie en adoptant une fourrure « camouflée » ?

Le camouflage est l'une des trois grandes raisons expliquant l'utilisation de la couleur et des « dessins » dans le monde animal avec la communication, pour attirer ou repousser, et la régulation de processus physiologiques, par exemple la régulation de la température corporelle. Mais la raison la plus puissante au regard de l'évolution semble bien être la nécessité de se fondre dans le décor. Il en est ainsi du tigre, majoritairement rattaché aux grandes forêts d'Asie, dont la robe, qui présente des tonalités variées allant du jaune-orange au brun, est striée de bandes noires : l'ensemble dissimule parfaitement l'animal dans son environnement. Il en est de même pour la panthère, ou le léopard, dont le corps mince et allongé a une robe ornée de taches sombres, disposées en rosettes sur un fond jaune doré, qui lui assure un bon camouflage là où elle vit et chasse.

Beaucoup de serpents ont eux aussi « adopté » des tenues de camouflage pour mieux se cacher, à la fois de leurs proies et de leurs prédateurs.

Certains herbivores se parent quant à eux de bandes sur le dos ou les flancs pour mieux « disparaître » dans leur environnement boisé. Le tapir, lui, est un cas particulier. Ce cousin des rhinocéros et proche parent des chevaux, à l'aspect rappelant celui des cochons (ce n'en est pas un), compte parmi les grands mammifères les plus primitifs du monde. Et si, à l'âge adulte, il est décoré simplement, ses petits sont camouflés. Ceux-ci naissent en effet avec un pelage brun roussâtre ponctué de taches et de raies claires qui imitent les reflets du soleil dans un sous-bois. Une « technique » que l'on retrouve également chez les jeunes sangliers.

Le tapir nous amène au zèbre. Un tapir adulte a en effet une robe noir et blanc divisée en plusieurs parties. Elle imite l'alternance d'ombre et de lumière des sous-bois et « casse » la silhouette de l'animal, lui permettant de passer plus inaperçu. Tout comme chez le panda.

Mais que dire des rayures du zèbre ? Dans la savane, il est visible comme le nez au milieu de la figure. Sa robe caractéristique est plutôt contre-productive dans la perspective du camouflage. Alors ? Dans les années 1970, des chercheurs se sont aperçus que des pièges à mouches tsé-tsé, celles qui transmettent la fameuse maladie du sommeil, attiraient beaucoup moins les mouches s'ils étaient peints en noir et blanc. Conclusion, le zèbre serait ainsi « attifé » pour se protéger des attaques de mouches tsé-tsé. Hélas, pour nous, il s'est avéré que les zèbres, comme les gazelles ou les gnous, sont résistants au parasite de cette maladie, contrairement aux bovins par exemple.

L'effet stroboscopique du zèbre

Il semble que la seule explication rationnelle, mis à part qu'il se sent beau comme cela, est que ses rayures (des rayures noires sur fond blanc et non l'inverse), en cas d'attaque d'un fauve, créent lors de la fuite en tous sens du troupeau une sorte d'effet stroboscopique les rendant plus flous aux yeux des fauves et donc moins facilement rattrapables. Moins facilement seulement puisqu'ils payent évidemment leur tribut aux crocs de leurs prédateurs.

Si donc des animaux mieux camouflés que d'autres sont progressivement devenus majoritaires au sein de leur espèce dans le cours de l'évolution, l'apparition soit de raies, soit de taches reste difficile à expliquer. Des mathématiciens se sont penchés sur la question. Et ont mis au point un modèle qui apporte une réponse. On prend donc un système où, sur une peau, deux produits sont à l'œuvre : l'un qui stimule la production de colorant, l'autre qui l'inhibe. Les équations expliquent bien la formation des motifs, mais, là, intervient une autre variable. Celle du moment dans la vie de l'embryon où ces deux produits commencent à agir. Si l'embryon est très petit, il n'y aura pas de motifs. Un peu plus gros, l'adulte sera rayé, encore un peu plus gros il sera tacheté et encore plus gros, il n'aura pas, non plus, de motifs. Ah, les peintres et leurs bizarreries…

20

COMMENT ATTRAPER UNE MOUCHE À LA MAIN ?

Tout le monde en a fait l'expérience. Même en s'approchant à pas de loup d'une mouche posée sur une table, en choisissant de se placer dans son dos, de rapprocher sa main tout doucement de l'insecte avant, d'un geste le plus vif possible, de tenter de le saisir au creux de sa main, l'animal, s'il n'est pas malade ou drogué, s'échappera. Peut-être certaines personnes, plus douées que d'autres, réussissent-elles régulièrement ce petit exploit (Barak Obama l'a fait en direct lors d'une interview), mais même avec une tapette, la mouche est très difficile à attraper. En fait, ce n'est pas étonnant. Elle est spécialement conçue pour cela.

De grands auteurs de la littérature ont célébré cette petite merveille de la nature dès l'Antiquité. D'ailleurs, pourquoi dirait-on *être une fine mouche* si la bête en question n'y avait pas quelque mérite ? Elle est en tout cas l'une des stars incontestées des laboratoires scientifiques. La drosophile (*Drosophila melanogaster*, qui signifie « amateur de rosée au ventre noir »), également appelée « mouche du vinaigre », est l'animal modèle des généticiens. D'innombrables découvertes en génétique et en biologie du développement doivent leur survenue à ce petit (2,5 mm) diptère.

Et ses richesses sont apparemment inépuisables, puisqu'elle est aussi devenue l'un des modèles des bioroboticiens. Les mouches sont en effet dotées d'une « mécanique » de toute beauté. Avec des performances dignes, à la fois des as du manche à balai, les pilotes de haute voltige, et des as de la gymnastique.

C'est pourquoi de nombreux laboratoires, de par le monde, travaillent à « disséquer » ses réactions. Ainsi, dans un laboratoire du CNRS à Marseille, un microhélicoptère autonome a été conçu en s'inspirant de la façon dont la mouche coordonne sa vision et sa locomotion. Au Cal Tech, l'Institut de technologie de Californie, des chercheurs ont réussi à observer, avec une précision jamais égalée, la manœuvre d'évitement d'une mouche que l'on cherche à attraper. Pour cela, ils ont utilisé une caméra ultrarapide qui prend 5400 images par seconde. Ce qui leur a permis de voir au millième de seconde près ce que fait l'insecte.

Les chercheurs californiens ont notamment constaté que le cerveau de la mouche, pour tout petit qu'il soit, semble calculer en permanence des itinéraires de fuite. Les quelque 50 000 cellules photoréceptrices de ses yeux à facettes, qui voient à 360°, donc aussi derrière elle, sont « connectées », *via* le cerveau, à 18 paires de muscles moteurs qui contrôlent les ailes, ainsi qu'aux 3 paires de pattes de l'insecte.

Lorsque la mouche est posée, tous ses sens en éveil, elle rectifie constamment sa position au sol *via* ses pattes. Lorsqu'un danger apparaît, la mouche modifie pratiquement instantanément la position de ses pattes pour préparer un évitement. Ainsi, elle va par exemple positionner ses pattes du milieu pour avoir la meilleure détente possible.

Dans ce cas de figure, le danger arrive face à elle. En 200 millisecondes, l'insecte va repositionner son corps, d'une grosse poussée de ses pattes. Puis, il va se projeter en l'air en effectuant un saut périlleux arrière en même temps que ses ailes vont entrer en action. Ce qui lui permet d'effectuer un demi-tonneau pour se remettre le ventre en bas puis de se propulser en avant, loin du danger.

Vol stationnaire

Si les acrobaties de la mouche sont possibles, c'est qu'elle possède un système de propulsion remarquable. La mouche, comme tous les diptères, ne possède qu'une seule paire d'ailes, contrairement à d'autres insectes qui en ont deux. Les vestiges de la paire postérieure sont appelés « haltères » à cause de leur forme. Elles servent de balanciers et ainsi de véritable gyroscope à la mouche. Ses ailes sont des surfaces membraneuses fines parcourues de nervures.

Elles sont capables de battre des centaines de fois par seconde (entre 200 et 1 000) grâce à un système musculaire et fibreux sophistiqué impliquant le thorax. La mouche peut ainsi voler en zigzag, s'arrêter brusquement, faire du vol stationnaire (ce qu'elle n'aime pas beaucoup, par sécurité) ou même voler à reculons. Elle se sert également de ses antennes pour mesurer la vitesse du vent ou la vitesse de son vol. Plus la mouche va vite, plus ses antennes se plient vers l'arrière et des détecteurs situés à leurs bases envoient ces informations au cerveau.

Pour attraper, ou plus simplement écraser une mouche, il faut donc être plus malin qu'elle. Rien ne sert de viser l'endroit où elle est posée, mais, en choisissant son angle d'attaque, il faut viser directement une dizaine de centimètres à côté en anticipant son saut et son envol. Et si cela ne réussit pas, il ne faut pas « prendre la mouche » mais recommencer.

21

POURQUOI LES CAILLOUX POUSSENT-ILS DANS LES CHAMPS ?

Tous ceux qui ont un tant soit peu approché le travail de la terre le savent : il faut régulièrement ramasser les pierres apparues dans les champs ou les pâturages afin de faciliter les semailles et de préserver les animaux. Et on aura beau le faire complètement, nul doute que le travail sera à recommencer l'année d'après. C'est pourquoi on dit communément que les pierres enfouies dans les sols remontent spontanément à la surface. Les paysans disent pour leur part que «les cailloux poussent». Comment cela est-il possible? Est-ce réel? Sans plus attendre, voici la réponse: c'est à la fois oui et non.

De nombreuses causes sont pour cela à l'œuvre. Mais pour bien comprendre, il faut tout d'abord savoir ce qu'est vraiment un sol: c'est avant tout une entité vivante qui peut bouger, respirer mais aussi mourir sous l'effet de l'érosion, des pollutions, de l'acidification ou de l'urbanisation. Les Suisses ont par exemple calculé qu'à cause d'une urbanisation débridée, leur pays perdait presque 1 m^2 de «bon» sol chaque seconde. Soit presque 30 km^2 par an.

«Jungle» animale souterraine

Le sol fait la transition entre la surface de la terre et la roche dure. Il peut être plus ou moins épais. Son processus de formation est très lent, de l'ordre, en moyenne, du centimètre par siècle. Sous l'action du soleil, de l'eau, du gel, la roche mère se morcelle petit à petit en fragments de plus en plus petits. Pour aboutir au bout de milliers d'années à un mélange de graviers, de sable, de limon et d'argile. La végétation, même clairsemée, fournit des matières organiques qui vont donner un humus qui sera mélangé aux autres éléments.

Au bout du compte, la terre est ainsi composée en moyenne de 50 % d'éléments solides, comme les pierres et l'humus, et de 50 % d'espaces creux, des pores remplis d'eau et d'air. Ajoutez à cela une fantastique «jungle» animale souterraine regroupant des nématodes et des larves d'insectes, des protozoaires et des amibes, des bactéries et des champignons. Leur poids peut atteindre jusqu'à 30 tonnes à l'hectare. Ce qui veut dire que le poids des organismes du sol serait dix fois supérieur à ceux vivant en surface. Et on dit qu'il y a plus de micro-organismes dans une cuillère de terre que d'habitants sur la planète.

Comme tout écosystème, le sol peut être malade. Et si les activités humaines peuvent l'abîmer ou le préserver, les causes naturelles de dégradation sont nombreuses. À commencer par l'érosion due au vent ou au ruissellement de l'eau. Les champs en pente, par exemple, peuvent perdre en une année près de 50 tonnes d'humus par hectare, alors que la nature n'en renouvelle au mieux qu'une tonne dans le même temps. Outre cette perte de substance, l'érosion est l'une des causes de l'apparente remontée des pierres. Elle fait simplement apparaître les pierres qui se trouvaient là, tapies sans bouger et qui, trop lourdes pour être emportées, vont rester là, cette fois à découvert. Et compliquer le travail de l'agriculteur. D'où les épierrages annuels qui se répètent inlassablement.

Main d'homme, pieds de bêtes

Mais la main de l'homme n'est pas « innocente ». Car une autre cause de la pousse des cailloux dans les champs est… le labourage. Selon la profondeur à laquelle le soc de la charrue descend, il ramène en surface tout ce qui dormait sous la terre. Pierres et cailloux, mais aussi graines de mauvaises herbes enfouies par le labour de l'année précédente. Graines de mauvaises herbes qui sont bien souvent encore fertiles. L'agriculteur doit donc non seulement épierrer son champ, mais aussi utiliser des herbicides. D'où une tendance nouvelle, le non-labour. On se contente de fragmenter la couche superficielle du sol pour le rendre plus perméable à l'eau et au semis. Une technique qui n'est pas généralisable partout.

Tout ce qui se promène à la surface du sol porte une responsabilité dans la remontée des cailloux. En particulier les troupeaux de bétail. Pour deux raisons. Premièrement, leur piétinement va compacter le sol, faisant apparaître les pierres sous-jacentes. Deuxièmement, les vibrations engendrées par leurs déplacements vont faire bouger les pierres, les petites particules ainsi « secouées » passant le long des flancs des grosses, contribuant à les « pousser » vers la surface.

Autre cause produisant le même effet, l'alternance des périodes de gel et de dégel. La géliturbation, en langage spécialisé. En compactant et décompactant les sols, cette alternance favorise également l'apparition de petits rocs en surface. Mais cela n'est valable que pour les zones où les hivers sont très rudes et très longs. Dans nos contrées tempérées, cela ne joue pas beaucoup.

Vous ne marcherez peut-être plus sur le sol comme avant. Car à force de la fouler aux pieds, on oublie combien la terre est « magique ». Pour nous en souvenir, utilisons cette clé des sols.

22

COMBIEN PÈSE UN KILO ?

Le kilo ne fait plus le poids. Dans tous les sens du terme. La masse du kilo-étalon varie physiquement et sa définition « intellectuelle » n'est pas assez précise. Dans l'univers high-tech des unités de mesures, le kilo est un archaïsme. Un « dinosaure » au pays des super-héros. Alors que le mètre-étalon se fonde sur la vitesse de la lumière dans le vide et que la seconde-étalon s'épanouit dans une horloge atomique au césium 133 – la marge d'erreur sur une mesure de distance ou de temps est donc infiniment petite –, le kilo est le seul à encore reposer sur un objet physique, un cylindre de platine iridié (auquel on a rajouté de l'iridium) mesurant 39 mm de diamètre et 39 mm de longueur dont le poids est celui d'un décimètre cube d'eau pure à 0 °C.

Appelé « le K » (Prototype international du kilogramme), ce cylindre est l'unique référence internationale depuis 1889 et ses copies, disséminées à travers le monde, servent à étalonner tous les instruments de mesure du poids. Le problème, c'est que le poids de ces étalons a varié. Et à de rares exceptions près, il semble qu'ils grossissent avec l'âge. Lors de la dernière campagne de comparaison entre le « K » et ses copies, au milieu des années 90, on s'est aperçu que le prototype espagnol avait pris 56 microgrammes tandis que le russe en avait pris 32 et le norvégien 49. Seuls les anglais et français avaient maigri, respectivement de 17 et 2 microgrammes.

Mais en fait, ce n'est pas si simple. Car il n'y a pas de raison que le « K » lui-même ne varie pas. S'il perd régulièrement du poids, alors il va donner l'impression que ses copies en prennent. Même s'il est conservé dans une pièce climatisée, sous trois cloches de verre au pavillon de Breteuil du Bureau international des poids et mesures à Sèvres, il a une « évolution naturelle ». À chaque fois qu'il sort pour peser ses « enfants », environ tous les quarante ans, il est nettoyé. Et bien que les procédures et les produits employés soient particulièrement surveillés, on sait que de très petites variations de masse ont lieu. Le « K » réalise donc en fait la performance de modifier sa masse sans changer de poids puisque par définition, il pèse et pèsera *ad vitam aeternam* un kilo.

Sauf si on trouve un autre moyen de définir le kilo. En particulier un dispositif reproductible n'importe où dans le monde puisqu'il serait lié à une constante physique. Les scientifiques travaillent donc d'arrache-pied à détrôner le roi « K ». Qui résiste bien. Mais l'étau se resserre lentement. Deux grands axes de recherche sont actuellement en cours.

Le premier projet est appelé « balance du Watt ». Le « K » servirait à définir le champ magnétique qui « pèserait » un kilo. Il s'agit schématiquement de mettre sur l'un des bras d'une balance un kilo-étalon et de placer l'autre bras dans un champ magnétique. Lorsque les bras sont immobiles, le kilo est égal à la valeur du courant électrique générateur du champ magnétique. Outre les difficultés techniques de réalisation de l'engin, le projet achoppe sur un obstacle de taille : pour calculer très précisément la valeur du courant électrique équivalent à un kilo, il faut utiliser une constante physique, dite de Planck. Le hic est que sa valeur est encore en discussion au niveau international.

L'autre projet s'intitule « Avogadro ». Le nombre d'Avogadro est une constante qui permet de relier le microscopique (l'échelle atomique) au macroscopique (l'échelle humaine). L'idée est d'une simplicité extrême mais réclame de bons yeux : un kilo serait un nombre très précis d'atomes d'un certain corps. La difficulté est évidemment de compter les atomes. Il faudrait par exemple pouvoir compter 50 milliards d'atomes à 2 500 près pour être au moins aussi précis que les mesures actuelles.

Avoir une unité de masse parfaitement définie n'est pas une lubie de scientifique ou un rêve de fonctionnaire zélé. L'importance scientifique, industrielle et stratégique de la précision des mesures de temps, longueur, masse, température, courants électriques, éclairement et comptage du nombre d'atomes, est déterminante. Si on ne savait pas mesurer aussi bien le temps, le système satellitaire de localisation GPS ne pourrait fonctionner. Si on ne savait pas mesurer aussi finement les distances, les ordinateurs d'aujourd'hui n'existeraient pas et les avions n'atterriraient pas dans le brouillard. Si on ne sait pas mesurer les masses suffisamment précisément, on ne saura jamais la vérité sur l'organisation de la matière au niveau subatomique…

et donc sur l'Univers. Quand la mesure des masses aura regagné le peloton des unités non seulement exactes mais extrêmement précises, le monde sera alors soulagé d'un sacré poids.

23

COMBIEN DE TEMPS DURE UNE MINUTE ?

Ne perdons pas de temps. Une minute ne dure malheureusement pas toujours soixante secondes. Et non ! Elle peut se rétrécir et n'en faire que cinquante-neuf ou s'étirer jusqu'à soixante et une. Ce qu'elle fait régulièrement. Une nouvelle qui pourrait sembler bien mauvaise pour les sportifs de tous les championnats du monde. Qu'ils se rassurent, cinquante-quatre ans après la création de la première horloge atomique, la seconde n'a jamais été aussi précise. C'est même la plus rigoureuse, et de loin, de toutes les unités de mesure. Ce qui permet d'avoir des mesures d'intervalles de temps (comme entre le pistolet du starter et la ligne d'arrivée) qui sont précises au-delà de ce dont on a besoin.

Sa précision est même devenue embarrassante. Car elle a complexifié jusqu'au casse-tête une question qui semble toute simple : « Quelle heure est-il ? » Le temps s'acharne à mettre des bâtons dans les roues de la seconde. L'homme a toujours dû s'intéresser à la mesure du temps. Au tout début, il y avait le lever et le coucher du soleil. Le temps s'est ensuite mis à l'ombre. Un bâton planté dans le sol (ensuite les cadrans solaires) fournit une indication sur la position du soleil en fonction de la position et de la longueur de son ombre pour la saison. Puis il y a eu les bougies graduées ou les « horloges » à encens, qui brûlent à une vitesse suffisamment fixe pour mesurer le temps écoulé. Puis il y a eu les clepsydres (à eau) et sabliers. Efficaces plutôt pour les petites durées.

Vint donc le temps des horloges mécaniques (vers le XIIIe siècle). La chute d'un poids actionnant un rouage. Le cadran et une aiguille donnant les heures apparaissent vers le XVe siècle. Le balancier est une variante intéressante qui perdure aujourd'hui encore. Les premières montres apparaissent au XVIe siècle. La première horloge électrique au XIXe siècle et celle à quartz au XXe siècle. La seconde est la 86400e partie d'un jour solaire moyen. Mais sa mesure est trop imprécise à cause des variations d'orbite et de rotation de la Terre. Une journée solaire (24 heures) dure ainsi environ une minute de plus à la fin décembre qu'à la mi-septembre. Et trente secondes de moins en avril par rapport à juillet. Mais pas toujours.

Advint la première horloge atomique, en juin 1955. Les astronomes étaient alors les gardiens du temps grâce aux observations célestes. Les physiciens ont pris la relève, de haute lutte, au milieu du XXe siècle. Aujourd'hui, la seconde est calée sur les vibrations, dans des conditions très strictes et définies, d'un atome. L'un des meilleurs en la matière est l'atome de césium. Un métal argenté si mou qu'il peut être coupé comme du beurre. Mais amoureux du temps. Soumis à la « question », il répondra toujours de la même manière. D'où la définition suivante : « La seconde est la durée de 9 192 631 770 périodes de la radiation correspondant à la transition entre les deux niveaux hyperfins de l'état fondamental de l'atome de césium 133, au repos, à une température de 0 °K. » Il « suffit » donc de reproduire, avec un bon compteur, cette « manip » n'importe où pour posséder durablement le battement de la seconde. En dépit de cela, deux horloges finiront toujours par afficher des heures différentes.

Une seule solution, la coordination. Des signaux visuels aux ondes radio en passant par le télégraphe, chaque époque a apporté ses améliorations. Ce sont aujourd'hui les réseaux satellitaires, type GPS (américain), Glonass (russe) et Galileo (européen) qui distribuent l'heure, avec force corrections atmosphériques et relativistes. Le GPS a permis de multiplier la précision du temps terrestre par 100 grâce aux horloges atomiques qui donneraient encore l'heure exacte à une seconde près dans 1,6 million d'années.

Mais l'heure est définie par deux échelles. D'une part, le temps atomique international (TAI), défini par 260 horloges atomiques réparties dans le monde entier. Puis vient le temps universel coordonné (UTC), plus axé sur la durée du jour et qui s'efforce de battre en accord avec le TAI. Ils sont tous deux centralisés au Bureau international des poids et mesures (BIPM) installé à Paris. Ces deux « horloges », évidemment, divergent. Jusqu'en 2005, la différence était de 32 secondes. Elle est passée à 33 le 1er janvier 2006. Car une seconde dite « intercalaire », l'équivalent du bissextile, a été ajoutée à la journée du 31 décembre 2005. Ainsi, pour la première fois depuis 1998, ce jour-là n'aura pas compté, comme les 364 autres, 86400 secondes, mais 86401. Donnons du temps au temps…

24

POURQUOI LE SAVON MOUSSE-T-IL ?

Sans vouloir la faire mousser à mauvais escient, force est de reconnaître que tout est dans la bulle. Elle est la pierre angulaire d'un monde étrange et déroutant. Surtout pour les scientifiques. Les lois de la physique et de la chimie qui régissent son existence lui donnent d'ailleurs un physique à nul autre pareil. Car la bulle trompe bien son monde. Un exemple : on la croit ronde comme une sphère – ce qu'elle est lorsqu'elle est seule – alors que, la plupart du temps, elle préfère adopter l'apparence d'un cube – dans la mousse. Et sous son apparence fine et fragile, la bulle cache des trésors d'ingéniosité. Elle est l'une des fées de la matière dite molle, à la fois solide et liquide : elle forme des mousses capables de conserver leur forme hors de tout récipient, mais aussi de couler quand on leur demande.

Une bulle, c'est avant tout de l'air, ou un autre gaz, enfermé dans une fine membrane. Dans le cas de la mousse issue des savons et détergents, la peau de la bulle est composée de molécules qui ressemblent, vues de près, à des épingles, avec une tête ronde et une longue pointe. La tête a une attirance irrépressible pour l'eau dans laquelle elle adore se plonger tandis que l'extrémité de leur pointe refuse d'y tremper le moindre bout d'orteil. En présence d'eau, ces molécules-épingles vont donc toutes mettre leur tête dans l'eau et, en se serrant les unes aux autres, elles vont créer un fin film souple capable de se refermer en emprisonnant un gaz ou d'autres corps. Et le savon est précisément très riche en ces molécules-épingles, véritables missiles à tête chercheuse de tout ce qui est gras.

Une recette vieille de 4 000 ans

Qui fut le premier homme – ou ne serait-ce pas plutôt une femme – qui, sans doute par hasard, mélangea de la graisse animale avec de la cendre et s'aperçut que, avec un peu d'eau, cela moussait et nettoyait…? L'histoire n'a retenu ni son nom ni la date de la découverte. Tout juste sait-on que la recette existait déjà il y a plus de 4 000 ans. Et elle est toujours, *grosso modo,* à la base de la fabrication de ce qui porte l'appellation de savons, solides ou liquides, les gels douche et autres bains moussants étant pour la plupart d'origine pétrochimique.

L'un des savons les plus connus, dit de Marseille, doit cette dénomination à sa composition (créée à Marseille) et non à son lieu d'élaboration actuelle : il faut de la soude, de l'huile d'olive et une goutte de citronnelle. Lors de la fabrication (appelée « saponification »), le mélange de sels de sodium ou de potassium avec les acides gras de l'huile crée les fameuses molécules-épingles.

Lorsque l'on frotte entre ses mains mouillées le savon, il se forme une émulsion entre l'eau, les molécules-épingles de savon et… les particules de saleté. Celles-ci sont des proies de choix pour les molécules-épingles. Elles se précipitent pour piquer ces particules, s'agglutinant autour, leur tête restant en contact avec l'eau. Il se forme donc trois types de bulle. Les « propres », ne contenant que de l'air, les « moins propres » avec air et un petit peu de saleté, les « sales » avec très peu d'air. Les « moins propres » sont plus fragiles que les « propres » et durent moins longtemps, tandis que les « sales » sont petites et peu visibles. À quantité égale de savon, une eau propre donnera donc une mousse plus stable et abondante qu'une eau sale.

Plus sale, moins de mousse

En variant les ingrédients du savon et leurs proportions, on peut jouer sur la quantité de mousse produite. Un savon qui mousse beaucoup sur les mains ou le corps a une meilleure image commerciale que celui qui ne le fait pas, bien que leur pouvoir lavant ne soit pas lié à leur apparence. Et, si une mousse abondante est bienvenue pour les produits destinés aux soins corporels, elle est fortement déconseillée pour, par exemple, les lessives des machines à laver. Il faut donc introduire des impuretés dans le détergent pour fragiliser les bulles et limiter ainsi la formation de mousse.

On peut constater cet effet à chaque fois que l'on prend une douche ou que l'on se fait un shampooing. Plus on sera sale, plus il sera difficile d'avoir beaucoup de mousse. Un petit conseil donc pour les amateurs : plutôt que d'acheter des produits avec additifs pour augmenter le pouvoir moussant, il suffit de se laver… propre.

25

PEUT-ON VOIR À TRAVERS LES MURS ?

C'est la future star. La prochaine étoile du monde des ondes. Le rayon T pourrait détrôner le puissant rayon X. Cela faisait plus d'un siècle qu'il patientait, tapi entre la lumière visible et les ondes radio, attendant patiemment que les progrès techniques lui permettent d'accéder aux feux de la rampe. L'avènement des nanotechnologies, ces procédés d'ultraminiaturisation des équipements électromagnétiques, devraient permettre au rayon T d'illuminer des domaines aussi divers que les télécommunications, l'imagerie médicale, la caractérisation de matériaux, la détection de gaz ou de polluants, la lutte contre le terrorisme ou l'observation astronomique. Car le rayon T est capable de voir à travers la peau, à travers les vêtements, à travers la fumée, à travers les murs… Les articles scientifiques le concernant se sont multipliés depuis quelques années et les congrès accueillent maintenant des sessions entières consacrées à leur développement industriel.

Mi-radio, mi-lumière

Les rayons T doivent leur dénomination à leur pedigree électromagnétique de fréquence, dont l'unité de mesure est le hertz. Situés juste après l'infrarouge et avant les micro-ondes utilisées pour les téléphones portables, ils couvrent la gamme allant de 0,3 à 10 térahertz (un térahertz étant mille milliards de hertz). Du fait de ces caractéristiques, et sans entrer dans le détail, cette « lumière » térahertz est restée longtemps impossible à écouter comme une onde radio grâce à une antenne, ou à être vue comme une particule de lumière.

Cela est dû essentiellement à la faible énergie des particules de cette « lumière ». Mais c'est ce qui fait sa force aujourd'hui. Ces particules interagissent peu avec la matière, et peuvent donc la traverser comme le font les ondes radio. Tissus, plastiques, briques sont transparents aux rayons T. Ce qui n'est pas le cas des métaux et de l'eau qui les bloquent. Les rayons T sont capables de pénétrer la peau d'une dizaine de centimètres.

Étant mi-radio, mi-lumière, il a fallu combiner les deux techniques pour les apprivoiser. On exploite leur côté lumière en les focalisant avec des lentilles, et leur côté radio en utilisant comme « transistor » un matériau sensible à la chaleur recouvert d'un tapis de microscopiques antennes que l'on sait réaliser depuis peu. Celles-ci sont conçues pour recueillir les particules des rayons T, et les transformer en chaleur.

Cette élévation de température est transformée en image comme dans un instrument infrarouge.

Ainsi est née l'impudique caméra à rayons T. Elle est assez sensible pour capter les rayons T naturellement présents sans qu'il y ait besoin d'utiliser un « éclairage » artificiel. Pointée sur une personne, elle va donc donner l'image du corps de cette personne, les rayons T étant arrêtés par les tissus humains, mais pas par ses vêtements. Les rayons T distingueront donc également tout objet métallique « caché ». Il est de même possible de détecter une personne derrière une cloison.

Des applications dans la sécurité

Plusieurs sociétés s'emploient à commercialiser cette propriété des rayons T pour des applications de sécurité, dans les aéroports par exemple. Pour éviter l'écueil de la « photo de nu », c'est un logiciel qui analyse l'image donnée par les rayons T, sans livrer d'accès à l'image, et donne son verdict par un voyant vert ou rouge. À charge aux agents de sécurité de faire le reste. Les rayons T peuvent également révéler le contenu de paquets, de lettres. Ils sont même capables de compter les allumettes dans une boîte sans l'ouvrir. Ces tests sont encore préliminaires mais pourraient assez vite déboucher sur des applications à grande échelle. Et pas seulement dans le domaine de la sécurité. Une caméra capable de voir dans le brouillard ou dans la fumée trouverait des clients dans de nombreux domaines.

Autre grand champ de travail pour les rayons T, l'imagerie médicale. Car, là aussi, progrès technique aidant, on est désormais capables de fabriquer des sources de « lumière T ». Ses particules étant beaucoup moins énergétiques, moins fortes, que celles des rayons X, elles présentent moins de dangers que ces derniers. Et même s'ils ne traversent pas le corps, ils permettent des diagnostics sur une bonne profondeur.

Le défi technologique ultime pour les rayons T serait de parvenir à coupler une antenne à rayons T à une « puce » électronique fonctionnant à ces fréquences. Il semble que les transistors térahertz ne soient plus, du moins en laboratoire, un rêve. Le XXIe siècle pourrait bien être, pour les rayons T, celui des Lumières.

26

L'ARGENT A-T-IL UNE ODEUR ?

Il était une fois un empereur romain issu de la plèbe, grand organisateur et redresseur des finances impériales dilapidées par Néron sous le règne duquel eut lieu le grand incendie de Rome. Vespasien régna de 69 à 79 après J.-C. et, en « bon » gouvernant, n'eut de cesse de multiplier les taxes et impôts. L'un d'eux devait faire florès à double titre. Il s'agit de l'impôt sur les urines, humaines et animales, collectées dans de grandes urnes d'argile et utilisées par les teinturiers comme source d'ammoniac pour traiter les peaux et fixer les teintures. Sous le nez de son fils, Titus, qui protestait contre cette taxe nauséabonde dont se moquait le peuple, Vespasien aurait agité des pièces de monnaie en disant : « *Non olet* », « Cela ne sent rien. » D'où l'expression « *pecunia non olet* », « l'argent n'a pas d'odeur ».

Dix-sept siècles plus tard, les « barils d'aisance », disposés aux quatre coins des rues de Paris, devinrent de petites constructions sous l'impulsion du comte Claude-Philibert de Rambuteau. D'abord appelées « colonnes Rambuteau », ces toilettes publiques devinrent très vite les fameuses « vespasiennes ». Mais Vespasien avait tort. L'argent a bel et bien une odeur. Et une étude récente de chercheurs allemands apporte de surprenants éclaircissements et un début d'explication paradoxale : les pièces de monnaie ont une odeur bien qu'elles ne sentent rien.

Mais tout d'abord, qu'est-ce qu'une odeur ? On pourrait dire que c'est le souvenir d'une rencontre avec une molécule volatile. Il en existe quelque 300 000 différentes. Et l'homme est en moyenne capable d'en distinguer 10 000. Le bourdon, par exemple, monte, lui, à 30 000. Le système olfactif est un peu comme un « œil » muni de millions de facettes capable de « voir » les molécules volatiles. Transportées par l'air, elles atteignent la muqueuse olfactive (4 à 5 cm^2 de tissu au fond des fosses nasales). Les cellules de cette muqueuse portent à leur surface des récepteurs qui sont comme des serrures, chaque cellule ayant son propre type de serrures. L'homme possède environ un millier de serrures différentes réparties sur 10 millions de cellules olfactives (contre 1 milliard chez le chien). La molécule volatile odoriférante joue le rôle de clé. Lorsqu'elle trouve « sa » serrure, elle s'y insère. Cela déclenche, dans le neurone correspondant, un signal électrique qui va gagner le bulbe olfactif du cerveau. Là se trouve un millier de « centres intégrateurs » qui vont « classer » ces informations puis les envoyer au cortex cérébral. Là, elles seront combinées pour former un « motif odorant » qui sera placé dans deux grands « classeurs », les bonnes et les mauvaises odeurs.

Mais pour pouvoir reconnaître un aussi grand nombre d'odeurs, le système olfactif s'est fait mathématicien. Attention les neurones. L'équation de base est : un récepteur olfactif (la serrure) peut reconnaître plusieurs molécules odorantes (les clés) et une même molécule odorante peut être reconnue par plusieurs récepteurs olfactifs. La reconnaissance de l'odeur va donc se faire par la combinatoire. Comme si le souvenir d'une odeur était un coffre dont la combinaison d'ouverture est l'activation d'un certain nombre de neurones olfactifs bien précis. Si chaque récepteur peut s'activer pour trois molécules différentes et qu'il y a un millier de récepteurs différents, plusieurs millions de combinaisons d'identification sont possibles. Les découvreurs de ce système, les chercheurs Richard Axel et Linda Buck ont d'ailleurs reçu le prix Nobel de médecine 2004.

La reconnaissance d'une odeur est aussi liée à sa concentration. En la matière, l'homme n'est pas champion du flair. Les chiens ont une capacité à détecter une odeur de 300 à 10 000 fois plus importante que l'homme et les rats de 8 à 50 fois.

Les poissons, les insectes, les oiseaux sont également de « grands nez », contrairement (est-ce étonnant ?) aux mammifères marins, dauphins et baleines. Chez l'homme, au seuil de détection en dessous duquel on est « aveugle » aux odeurs se produit le phénomène que l'on appelle l'« odeur indéfinissable ». Comme si l'image mentale de l'odeur était floue. On ne peut mettre un nom dessus.

La subtilité du système olfactif ne s'arrête pas là : c'est ce qu'ont démontré des chercheurs allemands du Virginia Tech de Blacksburg. Ils ont ainsi analysé l'odeur émise lorsqu'un humain touche des pièces de monnaie ou tout autre élément métallique. Chacun connaît cette « odeur métallique » caractéristique. Mais l'analyse a montré qu'il n'y avait en fait aucune molécule proprement métallique dans cette odeur qui n'est donc qu'une illusion. Celle-ci est créée par des réactions chimiques d'éléments organiques présents sur la peau (sueur, corps gras, etc.) au contact du métal (le composant clé le plus caractéristique s'appelle 1-octène-2-one). Odeur humaine d'épiderme qui sera associée par le cerveau au métal.

Ces chercheurs proposent même une explication au fait que le sang ait lui aussi une odeur métallique car l'hémoglobine, qui transporte l'oxygène, possède des molécules de fer. Ce qui aurait pu « faciliter » la vie des chasseurs préhistoriques dans leurs traques pour retrouver des animaux ou des adversaires blessés. En ce temps-là, on se laissait donc bien guider par le nez mais pas « au pif ».

27

PEUT-ON MANGER DES ALIMENTS MOISIS APRÈS LES AVOIR NETTOYÉS ?

Que ce soit dans le garde-manger de la cuisine, dans la cave ou même dans le réfrigérateur, elles trouvent toujours un petit coin de paradis alimentaire. Elles, ce sont ces moisissures caractéristiques qui peuvent fleurir sur la quasi-totalité des denrées alimentaires. Ces petites masses cotonneuses (les myceliums) qui s'étendent petit à petit, grignotant lentement mais sûrement l'aliment, sont inesthétiques mais peuvent aussi être dangereuses pour la santé. En effet, certaines moisissures sécrètent des substances toxiques.

Sous le terme très général de « moisissures » se cachent des champignons. S'ils ne possèdent pas de forme propre contrairement aux champignons des bois et des prés, ils appartiennent bien à cette grande classe du vivant. On estime qu'il y a entre 65 000 et 100 000 espèces différentes de champignons. Parmi elles, les moisissures, ces champignons microscopiques filamenteux, comptent 20 000 espèces.

Comme tous les champignons, elles sont faites de cellules dites eucaryotes (par opposition aux bactéries), c'est-à-dire qu'elles possèdent un noyau individualisé par une membrane, à l'intérieur de la cellule, et qui renferme les chromosomes. Comme les cellules végétales, et contrairement aux cellules animales, la cellule de champignon est entourée d'une paroi assez rigide. Elle protège la cellule des agressions mécaniques ou chimiques mais rend son alimentation un peu compliquée. D'autant que contrairement aux cellules végétales, les cellules de champignons ne peuvent synthétiser elles-mêmes leur matière organique. Elles doivent donc « déconstruire » les aliments pour en faire des éléments simples et solubles afin de pouvoir les absorber.

Elles sont pour cela remarquablement équipées d'une batterie impressionnante d'armes chimiques. Leurs enzymes et leurs acides sont capables d'hydrolyser la cellulose, la lignine et de nombreux autres composés. Ce qui permet aux cellules de champignons de digérer n'importe quel type de denrée. Et c'est aussi pourquoi les aliments contaminés par des moisissures deviennent très souvent mous et spongieux.

« Poisons » naturels

Les moisissures ont bien d'autres atouts. Elles peuvent ainsi assimiler l'azote aussi bien sous forme organique que minérale. Ce qui leur permet de croître sur des milieux très pauvres en azote où les bactéries, par exemple, sont incapables de se développer. Les moisissures sont également capables de pousser sur des milieux pauvres en eau libre, là où les bactéries s'avouent encore vaincues.

Les moisissures sont aussi plus fortes que les bactéries en ce qui concerne l'acidité des denrées : légumes, fruits et viandes sont ainsi beaucoup plus « victimes » des champignons que des bactéries. De même en ce qui concerne la teneur en oxygène, où les moisissures peuvent se contenter de presque rien. Et si leur température « idéale » est comprise entre 20 °C et 25 °C, certaines aiment le chaud (40 °C) et d'autres le froid, se développant tranquillement sous les 4 °C.

Ces « performances » font que les moisissures peuvent faire leur lit de pratiquement tous les aliments dans toutes les conditions. Mais elles ont d'autres tours dans leur sac. Ainsi de leur reproduction. Elles utilisent des spores, de minuscules cellules déshydratées au métabolisme réduit entourées d'une paroi épaisse. Ces spores sont produites en très grandes quantités. Elles peuvent survivre très longtemps et sont très légères. Elles peuvent donc être dispersées dans l'air, transportées par des insectes et se trouvent ainsi pratiquement partout. Lorsqu'elles se trouveront dans des conditions favorables, en présence d'eau principalement, elles feront comme des graines et « germeront » pour former un nouveau mycélium.

Si certaines moisissures sont bénéfiques et utiles (par exemple le fameux *Pénicillium roqueforti* du roquefort), d'autres produisent ce que l'on appelle des mycotoxines. Près de 500 sont répertoriées dont une centaine sont toxiques pour les mammifères. Et certaines comptent parmi les « poisons » naturels les plus puissants que l'on connaisse. Ainsi en est-il des aflatoxines, des trichotécènes (pour les céréales), de la patuline (pour les fruits, particulièrement la pomme), des ochratoxines (céréales et charcuterie) ou de la zéaralénone (maïs). Cette contamination fongique, qui constitue un problème sanitaire mondial, se pose à tous les étages des filières alimentaires, des cultures et des élevages aux industries de transformation, à la distribution et pour finir dans nos cuisines.

Alors, peut-on consommer un aliment partiellement moisi après avoir « gratté » la moisissure ? Eh bien non. Sachant que la moisissure envoie « en profondeur » des substances chimiques dont certaines peuvent parfois être des toxines, enlever le mycélium superficiel n'est pas suffisant. Et, même s'il est très faible, le risque de tomber sur une souche dangereuse est bien réel.

28

QUELS SONT LES SECRETS DU VENDREDI 13 ?

Ah, le vendredi 13… Il en fait couler de l'encre, et il augmente spectaculairement les paris sur les jeux de hasard, en particulier pour le Loto (trois fois plus de joueurs ce jour-là). Donc trois vendredis 13 en 2009, c'est tout bénéfice pour La Française des Jeux. Date à bénir ou date à honnir ? Signe de chance ou de malchance ? Il faut faire appel à un bon génie, nommé « mathématiques », pour être en mesure d'apporter des éléments et tenter de clarifier cette question.

Tout d'abord, le vendredi 13, en faisant abstraction des superstitions, est-il particulier ? La réponse est oui. Car les mathématiques appliquées au calendrier indiquent que le 13 du mois tombe un tout petit peu plus fréquemment un vendredi que n'importe quel autre jour de la semaine. Sur 4000 ans, il y a 6880 vendredis 13 contre 6840 jeudis 13 (ou 6850 lundis ou mardis 13). Il est vrai que notre calendrier grégorien (« lancé » en 1582 par le pape Grégoire XIII, tiens donc !) réserve bien des surprises.

Ainsi, toujours grâce aux mathématiques, il a été possible de démontrer qu'il y avait forcément au moins un vendredi 13 par an, et qu'il ne pouvait pas y en avoir plus de trois. Et il y a en trois si et seulement si le premier jour de l'année est un jeudi pour une année non bissextile (comme 2009) et un dimanche pour une année bissextile.

Et la mécanique du calendrier fait qu'il y aura deux vendredis 13 à deux mois consécutifs, février et mars, et un troisième en novembre. Situation déjà connue en 1998, 2015 et qui se reproduira en 2026. 2010 et 2011 n'auront eu respectivement qu'un vendredi 13, 2012 en a eu trois, mais en janvier, avril et juillet (un trio de mois en moins fréquent que février, mars, novembre) et 2013 en a eu… deux, en septembre et décembre. De 2009 à 2019, il y a eu 21 vendredis 13.

Toujours grâce aux mathématiques, il a été calculé que les intervalles de jours entre deux vendredis 13 étaient codifiés. Ils sont de 27, 90, 181, 244, 272, 335 ou 426 jours. Donc deux vendredis 13 peuvent être séparés par une durée supérieure à 365 jours. Ce qui s'était produit du 13 août 1999 au 13 octobre 2000.

D'autres jeux de calendrier sont possibles. Par exemple, calculer le nombre de vendredis 13 qui sont aussi des Vendredis saints de l'Église catholique en un siècle. C'est-à-dire le nombre de fois où le dimanche de Pâques tombe un dimanche 15 avril. Car la date de Pâques est mobile et trouve sa place au plus tôt le 22 mars, au plus tard le 25 avril. La dernière année satisfaisant à la condition du 15 avril a été 2001. Et il faudra attendre bien longtemps avant que cela ne se reproduise. Car le prochain vendredi 13/Vendredi saint tombera en... 2063. Au XXe siècle, il y en a eu trois (1906, 1979 et 1990). Au XXIe siècle, il y en aura cinq (2001, 2063, 2074, 2085 et 2096).

Treize à la table du Christ

Le Vendredi saint, jour de la crucifixion de Jésus-Christ, est souvent cité comme étant à l'origine de la mauvaise réputation du vendredi. D'autant que, au dernier repas du Christ, ils étaient treize à table. Alors que notre culture adore le douze (douze mois, douze heures, etc.), le treize a entraîné l'apparition d'un Judas. Bien d'autres raisons sont évoquées pour tenter d'expliquer cette « crispation » autour du vendredi 13. En Amérique latine, l'équivalent est le mardi 13. En Italie, c'est le nombre 17 qui est associé à la malchance, tandis qu'en Chine, c'est le nombre 4, dont la prononciation est très proche du mot signifiant « mort ».

Pourtant, aucune donnée sérieuse ne peut faire pencher statistiquement la balance chance-malchance du vendredi 13 dans un sens ou dans l'autre. Alors, pourquoi jouer plus à des jeux de hasard ce jour-là ? Parce que « l'espoir fait vivre » ? Car, les lois mathématiques sont dures, surtout la loi des grands nombres, qui affirment que ces jeux sont « perdants ». Mais il y a bien des gagnants, tout de même. Mais bien moins que des perdants, en fait. Il y a une chance sur quelque 14 millions de gagner au Loto. D'accord, cela fait peu. Mais cela laisse une chance… On a aussi une chance sur 14 millions d'avoir 9 fois de suite un 6 en lançant un dé. Si l'on vous propose, moyennant 5 ou 10 euros, de lancer le dé, avec à la clé une grosse somme d'argent, si vous avez 9 fois de suite le 6, le ferez-vous ? Et combien de fois ? Même un vendredi 13…

29

POURQUOI LES GALETS SONT-ILS RONDS ?

Pierre qui roule n'amasse pas mousse. Mais s'arrondit et devient douce. Est-ce vraiment parce qu'ils sont roulés par le ressac de la mer ou dans le lit des rivières que les galets deviennent lisses et ronds ? Une simple observation permet de comprendre que cette explication est nettement insuffisante : dans un torrent de montagne, on trouve des pierres rondes du haut en bas de son cours. Si leur aspect n'était déterminé que par l'action du courant, qui, en les entraînant, les userait au fur et à mesure de sa descente, on ne devrait en trouver que vers l'aval, et pas en amont. Ce qui n'est pas le cas. Donc, divers processus d'érosion doivent être à l'œuvre dans la formation des galets. Le rôle le plus important du polissage des pierres peut ainsi être tenu par les grains de sable qui, entraînés par le courant, agissent comme du papier de verre. Une pierre pourra donc devenir ronde et lisse sans bouger de son emplacement.

40 000 tonnes de galets nouveaux par an

La situation est pratiquement la même pour les galets de silex des plages. Bien sûr, les mouvements de la mer jouent un rôle en les faisant se frotter les uns contre les autres, mais le polissage peut résulter là aussi, pour certains d'entre eux, de l'abrasion par les particules de sable.

Ainsi, les galets « marins » proviennent de la chute de pans de falaise due à l'érosion de la pluie, du froid et de la mer. Les roches tombées sont « attaquées » par les vagues. Le calcaire va progressivement être dissous. Les blocs de silex, qui veinaient le calcaire, morcelés, vont rouler, s'entrechoquer sous l'effet du flux et du reflux des vagues. Et subir le polissage du sable. Après avoir perdu environ 30 % de leur masse (qui donne… du sable), ils s'arrondissent en trois à six mois et s'accumulent en cordon. Où ils continueront à s'éroder et s'arrondir. On estime qu'il se crée quelque 40 000 tonnes de galets nouveaux par an, essentiellement sur les plages de Haute-Normandie. Si le galet est encore gros, il est très probable qu'il provienne d'un éboulement récent. Si, au contraire, il est rond et petit, il est alors très certainement ancien, comme c'est le cas pour de nombreux galets des célèbres plages d'Étretat.

Un galet de silex est composé en moyenne à 98 % de silice. Le silex est une pierre fossile qui ne se forme plus dans l'environnement actuel. Selon les conditions dans lesquelles se sont formées les couches calcaires abritant les lits de silex (ces sillons noirs sur la falaise), celui-ci aura différentes teintes en fonction de la proportion de silice et de la présence de tel ou tel oxyde. Toujours à Étretat par exemple, on trouve des galets noirs, caractéristiques de la période dite du Turonien, il y a quelque 90 millions d'années. Il est très recherché pour la fabrication de la porcelaine. Si le galet est gris, c'est qu'il ne comporte aucun élément métallique.

Les Grecs anciens, particulièrement de l'école d'Aristote (vers 300 av. J.-C.), s'interrogeaient déjà sur les raisons de la forme des galets. Et expliquaient que le passage du caillou au galet se faisait parce qu'il était roulé par les vagues et que les points les plus éloignés du centre étaient ceux qui avaient le plus de vitesse et étaient donc érodés en premier.

Une équipe de chercheurs français de Strasbourg[1] vient de réaliser la première modélisation scientifique, pour l'instant en deux dimensions (comme pour des galets très plats), de la forme des galets. Et ils ont constaté que l'on pouvait caractériser les galets et leur processus de formation en mesurant

1. Équipe de l'Institut Charles Sadron du CNRS, à Strasbourg, dirigée par Carlos Marques.

leurs courbures. Quelles que soient leur taille ou leur forme, c'est l'analyse de leurs arrondis qui les caractérise et raconte le processus d'érosion auquel ils ont été soumis. Ils ont également constaté que, quelle que soit leur forme de départ, alors qu'ils ne sont encore que caillou, ils vont tendre à présenter, schématiquement, le même type d'arrondis. Reste pour eux à étendre leurs travaux aux trois dimensions d'un galet rond. Ils pourraient alors fournir aux géologues un outil permettant la reconstitution de l'histoire sédimentaire d'un site donné à partir de l'étude des galets : s'agissait-il d'une mer, d'un lac, d'une rivière, d'un glacier… ?

Interdiction de ramasser

Les galets de silex font partie des tout premiers objets exploités par l'homme depuis la préhistoire. Ils constituent sans doute les premiers outils. Des galets percés, par exemple, servaient de lest pour les filets de pêcheurs. Aux XIXe et XXe siècles, ils ont été exploités à la fois comme objet de décoration, mais aussi pour la fabrication du verre ou pour être incorporés au béton ou à des revêtements spéciaux. On dit que des galets normands ont servi à la construction des pistes de la base de lancement américaine de Cap Canaveral. Les plages normandes ont d'ailleurs été tellement exploitées que, depuis 1975, il est interdit d'y ramasser les galets : on estime que, en deux siècles, la masse de galets prélevés est équivalente au stock restant aujourd'hui sur l'ensemble du littoral.

30

POURQUOI ÇA PIQUE ?

« Qui s'y frotte s'y pique. » Cette devise toute simple – celle de l'Écosse avec son chardon, celle des ducs d'Orléans, de la Lorraine ou celle de la Syldavie que visite Tintin dans *Le Sceptre d'Ottokar* – recouvre une réalité biologique très variée.

Piquants, dards, poils urticants, trompes, ventouses..., la nature s'est mise en quatre pour décliner sur tous les tons le douloureux chant de la piqûre.

Au chapitre des poils, si certains mammifères font tout pour s'en débarrasser, d'autres mourraient s'ils devaient s'en passer. Tout comme certaines plantes. Pour des raisons similaires. Protection contre la température, contre le dessèchement ou la congélation, contre les prédateurs et les parasites. Ces poils sont souvent de véritables petits bijoux. À l'échelle de petits insectes, de puces ou de poux, certains piquants sont ainsi de véritables « chevaux de frise » antichars.

Certains poils sont durs, par exemple chez le hérisson ou le porc-épic, chez les oursins ou chez les cactus. Ils peuvent causer des plaies et même des infections en se cassant et en restant dans la peau. Mais ils ne sont pas à proprement parler urticants. Ils font intervenir des processus physiques et non chimiques.

Dans la catégorie des poils urticants, qui peuvent brûler, provoquer l'équivalent de décharges électriques, entraîner des rougeurs, cloques et démangeaisons, celui de l'ortie est l'un des plus ingénieux et fascinants qui soient. L'ortie appartient à une grande famille végétale qui comprend, entre autres, les chanvres, l'orme, le mûrier ou le figuier. Les poils de l'ortie sont situés sous certaines feuilles et sur une partie de la tige. Ils sont de deux types, courts ou longs. Les courts sont inoffensifs. Les autres sont de longs filaments fins dont l'extrémité libre est silicée. Comme si ces piquants portaient de petites et fragiles ampoules de verre. Celles-ci renferment une drôle de potion, un mélange d'acétylcholine et d'histamine. L'acétylcholine est une molécule chargée de transmettre l'influx nerveux à l'extrémité des nerfs. L'histamine est un médiateur chimique impliqué dans l'immunité et qui intervient dans de nombreux phénomènes allergiques. Une combinaison « détonante ».

Lorsque la peau effleure ou heurte ces piquants d'orties, les tubes de silice cassent en formant des biseaux et comme de minuscules seringues pénètrent l'épiderme. Grâce à une contraction de la glande située à la base du poil qui, du fait du mouvement initié par l'intrus, sert de pompe, le produit urticant est injecté. Et cela fait mal. Une sensation de brûlure intense suivie de rougeurs, de cloques et de démangeaisons.

Peut-on réellement, sachant cela, cuisiner sans danger l'ortie ? L'employer dans des soupes, des salades… Peut-on employer l'ortie comme aide-soignante pour lutter contre des phénomènes hémorragiques, des inflammations ou des infections externes…? Oui, car le « poison » est alors inactivé. Attention juste lors de la cueillette.

On retrouve le même type de poils chez les géraniums ou même la lavande, la substance sécrétée étant alors odoriférante plutôt qu'urticante. Le chardon, aux feuilles pourtant porteuses d'épines, un peu comme le houx, s'est pour sa part doté en supplément de minuscules crocs sur les bords de ses feuilles. De leur côté, les poils qui entourent la graine de bardane, qui peuvent légèrement irriter, ont donné une grande invention. Grâce à ces poils, la graine peut se « coller » à la fourrure des animaux ou… à nos vêtements. Et se disséminer ainsi. Ce qui donna l'idée à l'ingénieur suisse Georges de Mestral de créer le Velcro (« VELvet CROchet », le crochet de velours).

Pour revenir aux espèces urticantes, il faut s'intéresser à une molécule que l'on retrouve dans de nombreux cocktails démangeants : il s'agit de l'acide formique, un « cousin » du vinaigre. *Formique* vient d'ailleurs du latin *formica* qui signifie « fourmi », mais la fourmi n'est pas la seule à utiliser cette arme. L'araignée, certaines chenilles – dont la processionnaire du pin – et d'autres ont mis à profit les propriétés démangeantes de cette molécule.

Les moustiques (seule la femelle pique pour nourrir ses œufs), les abeilles (l'ouvrière meurt après avoir utilisé son dard), la guêpe (qui peut piquer plusieurs fois), le scorpion, le serpent utilisent d'autres moyens et d'autres mélanges de molécules.

Mais dans le règne animal existe l'équivalent, ou presque, de l'ortie : la méduse. Avec sa couronne et ses filaments caractéristiques, la méduse, dépourvue de cerveau, de poumons, de sang et de squelette, possède un venin qui contient aussi de l'histamine. À propos, il vaut mieux rincer des brûlures de méduses abondamment à l'eau de mer plutôt qu'à l'eau douce qui va exacerber l'action du venin.

Les méduses, que toutes les mers et océans du monde connaissent, portent toutes sortes de noms : « tête de choux », « crinière de lion », « piqueur mauve », « guêpe de mer ». Mais ce n'est pas pour rien qu'on l'appelle l'« ortie des mers ».

31

OÙ VA LA LUMIÈRE QUAND ON L'ÉTEINT ?

Elle était là, fière et brillante, et tout à coup, « saint Interrupteur » intervenant, elle disparaît. Va-t-elle dans un trou noir ? Dans un réservoir ? Rebrousse-t-elle chemin ? Où se cache-t-elle ? Encore faudrait-il savoir ce qu'est réellement la lumière. Quelle est sa nature, son vrai visage ? Depuis que l'homme a compris qu'il était bon de se poser des questions, il essaie de faire… la lumière sur ce problème.

Commençons par le commencement. Juste après que Dieu eut créé la terre et le ciel, voyant que tout était plongé dans les ténèbres, il dit : « Que la lumière soit ! » Et la lumière fut. C'est ainsi que le premier livre de la Bible, la Genèse, décrit la naissance de la lumière. Et son importance.

Dès l'Antiquité, les savants s'interrogent sur sa nature. On trouve ainsi sur un bas-relief égyptien la représentation des rayons solaires comme un flux de fleurs multicolores. La grande querelle était déjà presque lancée. La lumière est-elle une onde qui se propage dans l'espace comme des vagues à la surface de l'eau, ou est-elle un flux de particules matérielles ?

Au XVIIe siècle, Descartes puis Newton développent des modèles corpusculaires de la lumière à partir d'observations faites avec les premiers instruments d'optique, fort rudimentaires mais déjà très efficaces. En réponse, le grand savant Christiaan Huygens développe un système où la lumière est une onde, permettant ainsi d'expliquer les phénomènes de diffraction et de réfraction de la lumière. Mais le poids scientifique de Newton l'emporte, ses expériences sur la décomposition de la lumière blanche et son télescope à miroir étant très convaincants. La lumière va donc rester pendant près de deux siècles un flux de particules ayant chacune une couleur déterminée.

Compter les photons

Ce n'est qu'au XIXe siècle que la balance penche du côté ondulatoire grâce aux travaux de Thomas Young en Angleterre et d'Augustin Fresnel en France. Leur démonstration est si pertinente que la nature ondulatoire de la lumière emporte tous les suffrages. *Exit* les particules. Surtout quand Heinrich

Hertz réussit à émettre les ondes appelées aujourd'hui « hertziennes » qui ne diffèrent de la lumière que par leur longueur d'onde plus élevée. Il faudra attendre le début du XXe siècle pour voir le retour des particules de lumière. Et ce grâce aux travaux de Max Planck, avec la naissance de la physique quantique, et d'Albert Einstein qui émet l'hypothèse que la lumière est elle aussi, comme la matière, quantifiée, c'est-à-dire qu'elle est formée de grains d'énergie qui se comportent comme des corpuscules. Cette idée mettra des années à s'imposer.

Mais le plus extraordinaire est qu'il sera démontré que tout le monde avait en partie raison et en partie tort. Car la lumière est à la fois onde et particules, les fameux « photons ». La difficulté est qu'on ne peut pas vraiment les dessiner. Dans le monde quantique, les lois et les représentations physiques n'ont rien à voir avec celles que nous percevons par nos sens. S'ils devaient ressembler à quelque chose, les photons se rapprocheraient plus d'un fantomatique nuage d'énergie que d'une boule de billard.

Mais on peut tout de même les compter. Et les flux de photons sont en général moins nombreux que les flux de matière. Ainsi, un robinet débite de l'ordre d'un million de milliards de milliards de molécules d'eau par seconde. Allongé(e) sur la plage pour bronzer, vous recevez 300 fois moins de photons par seconde. En regardant la pleine lune, votre œil ne reçoit « que » 10 milliards de photons par seconde. Des expériences ont montré que chacune des cellules tapissant la rétine (elles sont de l'ordre de 100 millions) n'a besoin que de 2 à 3 photons pour produire un influx nerveux. Nous « voyons » donc presque, sans le savoir, les photons un par un.

La connaissance de la nature véritable de la lumière a permis de la domestiquer. Dans les lasers, par exemple, mais aussi dans les détecteurs des appareils photo et caméras vidéo numériques, dans les lecteurs de codes-barres, dans les lecteurs et graveurs de CD, dans les imprimantes ou dans la transmission de l'information par fibre optique.

Et aujourd'hui, on est même capable de ralentir la lumière. Ainsi, à la fin des années 1990, des chercheurs ont réussi à la freiner jusqu'à 17 m/s, soit 61 km/h. D'autres équipes ont réussi à la ralentir jusqu'à 3 m/s. Voire à la stopper quelques fractions de seconde. Alors qu'elle voyage dans l'espace à 300 000 km/s. Et que cette vitesse est une barrière indépassable dans notre univers.

Mais on commence à soupçonner que les règles qui s'appliquent dans notre monde macroscopique ne sont peut-être pas les mêmes que dans le monde quantique dont font partie les photons. Allez, les petits.

32

LES PARTICULES ÉLÉMENTAIRES SONT-ELLES TOUTES DÉCOUVERTES ?

Il y a une quinzaine d'années, on pouvait lire dans *Le Figaro*, sous le titre « Au cœur de la matière, l'ultime secret de l'atome » : « La dernière des particules de la matière qui résistait encore aux sollicitations des plus puissants outils d'analyse de la physique vient de rendre les armes. » Un an plus tard, la détection de la plus « lourde » des briques de la matière (le quark top) était confirmée. Mettant apparemment un terme à une plongée dans l'infiniment petit qui, depuis l'Antiquité, paraissait sans fin.

Leucippe (Ve siècle avant J.-C.) puis son élève Démocrite, relayé par le philosophe romain Lucrèce un peu plus tard (Ier siècle avant J.-C.), formulent les premiers l'hypothèse selon laquelle la matière est formée d'« atomos », les plus petites « pierres » qui ne peuvent plus être coupées. Il faudra attendre la période – bien nommée – de la Renaissance, au XVIe siècle, pour que ressurgisse la théorie de l'« atomisme », avec Bacon, Descartes et Gassendi. Au XVIIIe siècle, Lavoisier puis Dalton (il donna son nom à l'anomalie de la vue) mirent définitivement en orbite l'atome. Il ne s'agissait alors que d'« éléments » – hydrogène, oxygène… – qui devaient donner naissance au XIXe siècle, grâce au chimiste russe Mendeleïev, à un classement de ceux-ci en fonction de leur poids. Et là, tout s'accélère. Au début du XXe siècle, l'atome est précisément décrit (Rutherford en 1911) comme composé d'un noyau autour duquel tournent des électrons, tout comme les planètes tournent autour du Soleil. Puis il est démontré que le noyau est lui-même composé de particules plus petites (protons en 1919 et neutrons en 1932). Qui sont elles-mêmes divisibles en particules plus petites. Les « quarks ».

Le choix de leur nom est d'ailleurs on ne peut plus… non scientifique. Murray Gell-Mann, l'un des physiciens qui l'« inventa » en 1964, choisit cette appellation car il était un « fan » du très parisien romancier irlandais James Joyce. L'un de ses romans, *Finnegans Wake* (« La Veillée de Finnegan »), qualifié d'« ouvrage de laboratoire » car il mêle 60 langues, recèle un poème de 13 lignes où le « roi Mark » est taillé en pièces. *Three quarks for Muster Mark !* Soit : « Trois quarks pour M. Mark ! »

Nous voici au XXIe siècle. L'œil de l'homme a sans cesse repoussé les limites de sa myopie. Est-il au bout du bout ? A-t-on atteint véritablement les entités élémentaires ? Bien malin celui qui pourrait le dire. Mais tous les physiciens sont bel et bien persuadés que toutes les particules élémentaires n'ont pas été découvertes. Sinon, pourquoi continueraient-ils à construire des machines de plus en plus grosses ?

Les explorateurs des dessous de la matière affirment que, plus une particule est lourde, plus elle est dure à détecter. Pour bien comprendre, il faut se rappeler que la matière est essentiellement faite de vide. Le diamètre d'un atome est de 10 000 à

100 000 fois plus grand que son noyau. Si l'atome faisait un mètre de diamètre, le noyau serait un grain de poussière de 1/10 de millimètre. Inversement, si tous les atomes d'un corps humain devaient se rassembler jusqu'à se toucher, ce corps deviendrait invisible à l'œil nu. Il y a donc énormément d'espace non occupé en permanence. Et les forces qui y sont à l'œuvre sont à la taille des objets qui y gravitent. Dans le noyau, il y a une force importante mais de très courte portée pour assurer la cohésion des particules. Comme les bras pour un humain. Dans le reste de l'atome, la force est bien plus faible – l'électron est très léger – mais de plus longue portée. On pourrait la comparer à une voix qui donne des instructions.

Une particule « lourde », qui pèserait par exemple 10 000 fois plus que l'électron, ne serait ni gênée ni déviée. Comme un transatlantique qui ne ressentirait pas une petite houle qui en revanche ferait tanguer une coquille de noix. Tout comme on ne peut pêcher une baleine avec une canne à pêche ordinaire, les particules les plus imposantes nécessitent des chaluts hors du commun.

Ceux-ci sont en préparation, en Europe et aux États-Unis. Et devraient dans les mois qui viennent œuvrer à fouiller encore plus profondément les constituants ultimes de la matière. Aujourd'hui, théorie et expériences mêlées estiment que 12 particules élémentaires en tout et pour tout sont à même de former, par associations et interactions, toutes les sortes de matières imaginables. Ou presque. Certains « détails » ne cadrent pas. Il manque en particulier une particule (appelée le boson de Higgs) pour que les théories collent. Les outils géants actuellement en cours de réglage devraient clarifier les choses. Et de plus traquer ceux que certains chercheurs appellent déjà les « préons », qui seraient cent fois plus petits que les quarks. Cela s'arrêtera-t-il un jour ?

33

Y A-T-IL ENCORE DES PLANÈTES À DÉCOUVRIR ?

Mercure, Vénus, la Terre, Mars, Jupiter, Saturne, Uranus, Neptune, Pluton. Telles étaient les neuf planètes « officielles » du système solaire, fermement ancrées dans les manuels scolaires depuis des dizaines d'années. Mais cela a changé. Sans que véritablement, d'ailleurs, les astronomes ne se mettent d'accord sur ce qu'est une planète. Car cette définition n'existe pas. Le 24 août 2006, lors de la 26e assemblée générale de l'Union astronomique internationale, les 2 500 scientifiques présents ont à 70 % voté contre Pluton. Alors qu'un comité d'experts chargé de préparer cette question avait recommandé qu'on intronise 3 nouvelles planètes en plus des 9 reconnues. Plutôt que de passer à 12, on est donc redescendu à 8 ! Mais les partisans de l'extension du système planétaire n'ont pas dit leurs derniers mots.

L'étymologie du mot *planète*, qui vient du grec signifiant « errer », reflète la façon dont elles ont été découvertes. Celles que l'on peut voir à l'œil nu (Mercure, Vénus, Mars, Jupiter et Saturne) paraissent en effet vagabonder dans le ciel, contrairement aux étoiles qui sont toujours à la même place les unes par rapport aux autres. Mais les planètes obéissent scrupuleusement aux lois de la mécanique céleste qui organisent le grand manège du système solaire. Tout comme le moindre caillou spatial. À partir de quand mérite-t-il de gagner ses galons de planète ?

Les dictionnaires les plus précis ne s'engagent pas. Ainsi celui de l'Académie française qui estime qu'une planète est un *« corps céleste non lumineux gravitant autour du Soleil »*. Avec une telle définition, le système solaire devrait compter dix mille planètes.

Quels sont les critères à prendre en compte ? La taille, la forme, la masse, la composition, la forme de l'orbite, la présence d'une atmosphère, d'un satellite… ? Le seul critère accepté par tous est qu'une planète n'a pas de source d'énergie nucléaire interne durable. Sinon, on l'appelle une étoile.

La question de la taille et de la masse n'est, elle, qu'à moitié consensuelle. La limite supérieure ne pose pas de gros problèmes. Une planète ne peut être plus grosse que 12 à 80 fois Jupiter, car sinon elle dépasserait la « masse critique » et se transformerait en étoile. La limite inférieure fait, elle, encore débat. Tout le monde semblait d'accord pour qu'elle soit fixée à 1 000 km de diamètre.

Mais si Pluton (2 240 km) était resté une planète, il fallait faire entrer dans le club Xena (2003

UB313), découverte en 2005, avec ses 2 600 km de diamètre ; Sedna, localisé en 2004, avec un diamètre compris entre 1 280 et 1 760 km ; Quaoar, découverte en juin 2002, 1 280 km de diamètre. Et *quid* de Cérès, observée en 1801, située dans la ceinture d'astéroïdes entre Mars et Jupiter, avec ses quelque 1 000 km de diamètre ?

Sans même fixer de limite inférieure, le système solaire aurait pu compter dix planètes puisque la dernière découverte, Xena, est légèrement plus grande que Pluton.

Le critère de forme est lui aussi insuffisant pour définir une planète. Car si toutes les planètes (connues) sont rondes, tous les objets célestes ronds ne sont pas des planètes. Et si une planète devait obligatoirement avoir une atmosphère, alors Mercure n'en serait pas une. Officieusement, tout le monde reconnaît que classer Pluton parmi les planètes avait été une erreur. On la comprend mieux quand on sait que c'est la seule à avoir été découverte par un Américain, en 1930.

Mais la question de la définition précise d'une planète recèle de nouveaux enjeux. En effet, la chasse aux nouvelles planètes s'organise maintenant essentiellement en dehors du système solaire. Les moyens techniques dont disposent depuis dix ans les astronomes permettent en effet de scruter d'autres soleils avec leur cortège planétaire. Et ce sont plusieurs centaines d'exoplanètes qui figurent aujourd'hui au tableau de chasse astronomique.

Elles sont toutes très différentes. L'une d'elles est une sorte de « super-Terre » glacée, grosse comme 13 fois notre planète (donc de l'ordre de celle de Neptune), située à 9000 années-lumière (940 milliards de kilomètres) de nous. Petit à petit, on se rapproche de la détection de planètes très semblables à la Terre. Donc, peut-être porteuses de vie.

34

LES ATOMES ONT-ILS DES LIAISONS DANGEREUSES ?

La chimie souffre d'une mauvaise image de marque. En prononçant son nom, on voit soit un laboratoire où des cornues, des alambics et autres récipients bouillonnent et fument devant une blouse blanche échevelée, soit des usines sur lesquelles fleurissent des têtes de mort sur fond de fumées très suspectes. Les « produits chimiques » sont synonymes de « poisons ». Pourtant, on pourrait presque dire que tout est chimie, puisque c'est le trait d'union entre la physique et la biologie.

C'est grâce à la chimie des atomes et des molécules que la matière existe sous ses trois formes, solide, liquide et gazeuse. Et c'est encore grâce à la chimie qu'il existe autant de molécules différentes. La chimie permet aux 115 éléments naturels de se marier ou non entre eux. Leurs combinaisons peuvent donner naissance à une quasi-infinité de molécules. Il y a ainsi plus de 100000 molécules différentes dans le corps humain. Et les matériaux du futur sont déjà là, en germe, quelque part dans cet immense ballet chimique.

Tout est donc affaire de liaison. Avec leur cortège de mariages et de séparations. Voire de trahisons. Ces liaisons sont principalement de trois types. La plus forte est la liaison covalente. Elle va s'établir entre deux atomes qui ont le même niveau de « désir » électromagnétique. Une même faim électronique, qui ne doit pas être trop importante. Ils vont mettre en commun un ou plusieurs électrons sur leur couche externe pour assouvir cette attirance. C'est ce qu'il se passe entre deux atomes d'hydrogène qui forment la molécule du gaz hydrogène. Ou entre deux atomes d'oxygène pour créer la molécule du gaz oxygène. Ces couples sont très stables car les deux partenaires sont rassasiés. Leur union fait qu'ils sont plus durables que s'ils étaient tout seuls.

Cela ne veut pas dire que l'hydrogène ou l'oxygène sont monogames. Ainsi, l'hydrogène célibataire aime également convoler par exemple avec un atome de chlore pour former HCl, le chlorure d'hydrogène dont la forme liquide en solution aqueuse est l'acide chlorhydrique.

« Mariage » des contraires

Le deuxième type de liaison entre atomes est la liaison dite ionique. Grâce à elle, on a du sel, des coquilles d'œuf, des détergents, etc. La liaison ionique ne peut se faire qu'entre atomes différents. Elle repose en effet sur le fait que le « mariage » va se faire entre atomes électriquement chargés, l'un positivement, l'autre négativement. C'est donc l'attraction des contraires. Un peu l'amour vache. Et la liaison ionique a le pouvoir de véritablement transformer les atomes. Par exemple, si deux atomes de chlore se rencontrent, ils peuvent convoler avec une liaison covalente et former un gaz jaune-vert plus dense que l'air, toxique et d'odeur désagréable. Mais qu'un atome de chlore rencontre un atome de sodium (un métal mou argenté) et ils peuvent entamer une liaison ionique qui va les amener à former du chlorure de sodium qui est le... sel de table.

Le troisième type de liaison est appelé faible. Elle ne conduit pas à des unions de couples mais vise à assurer une cohésion « sociale » entre diverses molécules. On distingue la liaison dite hydrogène et celle de Van der Waals, du nom de celui qui l'a mise en évidence.

Féroce bataille

La liaison hydrogène n'a qu'un dixième de la force d'une liaison covalente. Mais c'est le roseau face au chêne : sa force est dans son élasticité. Et le meilleur exemple de son importance est tout simplement l'eau. Une molécule d'eau est faite d'un atome d'oxygène et de deux atomes d'hydrogène. La molécule ainsi formée est légèrement polarisée : à une de ses extrémités, elle est un petit peu positive, à l'autre extrémité, un peu négative. Les molécules d'eau vont donc se « lier » entre elles en fonction de ces attractions électriques.

La liaison de Van der Waals est encore plus faible. Elle repose aussi sur des différences de polarité entre molécules. L'exemple le plus parlant de ce type de liaison est la mine du crayon à papier. Cette mine est constituée de millions de couches de carbone. Ce sont les forces de Van der Waals qui maintiennent ensemble ce « mille-feuille » atomique.

On le voit, la grande majorité des liaisons entre atomes et molécules sont calmes et bénéfiques. Mais certaines sont dangereuses car elles excitent les jalousies. Faites se rencontrer par exemple des molécules d'eau et des molécules d'acide sulfurique et vous verrez qu'une féroce bataille va s'engager pour réassortir les couples. Mieux vaut ne pas s'en mêler.

35

ET SI LE GULF STREAM DISPARAISSAIT ?

La question n'est plus de savoir si la Terre subit un réchauffement global (la réponse est oui). Celle de l'ampleur et des conséquences de cette hausse des températures reste ouverte. Et parmi les nombreuses controverses qui opposent les spécialistes (et les non-spécialistes), celle qui concerne les courants marins fait rage. Car l'un de ces « fleuves » qui coulent au milieu des océans nous touche particulièrement. Et sa possible disparition fait craindre un bouleversement climatique important dans la partie de l'hémisphère Nord qu'il « arrose ». Avec une conclusion paradoxale : la planète se réchauffant, l'Europe de l'Ouest subirait... un sévère refroidissement.

Parti du golfe du Mexique, serpentant à travers l'Atlantique, le Gulf Stream apporte aux côtes ouest-européennes des tourbillons de douce salsa. Ou presque. En tout cas quelques floraisons exotiques sur les rochers et falaises bretonnes et normandes ou des rhododendrons en Écosse. Jules Verne, dans *20 000 lieues sous les mers*, le décrit comme « un vaste calorifère qui permet aux côtes d'Europe de se parer d'une éternelle verdure ». Qualifié de fleuve marin, de tapis roulant, de plus riche aquarium de la planète, de « fertilisateur » des océans, sa source est « noyée » autour du golfe du Mexique, quelque part entre le Mississippi et l'Amazone. Il transporte les eaux chaudes du sud vers le nord et se confronte à un courant venu du pôle Nord, celui du Labrador. Du coup, ce dernier s'oriente vers les côtes nord-américaines tandis que le Gulf Stream traverse l'Atlantique vers l'ouest européen. Il se divise alors en « rivières » d'eaux « chaudes » qui vont croiser de l'Islande et de la Norvège jusqu'au Portugal avant, en se refroidissant, de retourner vers le sud. Certains disent que le Gulf Stream est celui qui permet à l'Europe de l'Ouest de ne pas avoir d'hivers aussi rigoureux que nos cousins canadiens (15 °C de différence), pourtant situés à la même latitude. D'autres affirment que les raisons sont tout autres.

Le Gulf Stream est de toute façon une formidable pompe à énergie. Peut-il se dérégler ? Il n'y a aucune raison qu'il ne puisse le faire. L'étude du passé a d'ailleurs montré qu'il avait eu, naturellement et à plusieurs reprises, des baisses de tension. Entraînant un refroidissement sur l'Europe de l'Ouest de « seulement » 4 à 5 °C.

Aujourd'hui, l'activité humaine s'en mêle. L'une des hypothèses est que le réchauffement global va entraîner une fonte accrue des banquises polaires. Donc un afflux important d'eau non salée dans les océans, surtout en provenance du pôle Nord. Donc un déséquilibre dans les « vaisseaux sanguins » océaniques. Et le Gulf Stream serait ainsi contraint de faire demi-tour très vite. Plus vite qu'actuellement et sans atteindre les côtes européennes.

Modéliser ces courants planétaires reste très difficile car ils dépendent d'un grand nombre de paramètres. La Terre qui tourne leur donne le tournis (dans le sens des aiguilles d'une montre dans l'hémisphère Nord, à l'inverse dans la Sud). La température, la salinité, les vents, la Lune et les marées, tous concourent à leur force, leur trajet, leurs influences.

Des satellites, comme Topex-Poseidon ou Jason, sont depuis quelques années spécifiquement dédiés à l'observation des 75 % de la surface liquide de la planète. Des navires truffés d'appareils scientifiques croisent sur les océans, les auscultant, prenant leur température, étudiant leur faune et leur flore. L'Ifremer compte ainsi quatre navires hauturiers. En 2009, le *Pourquoi pas ?* a sillonné l'Atlantique. L'*Atalante* a, entre autres, sillonné le golfe de Gascogne tandis que la *Thalassa* faisait une révision générale. Le *Suroît* pour sa part, après plusieurs mois aux Antilles, un arrêt technique à Toulon, est reparti pour la mer de Marmara.

Dans le même temps, d'autres satellites, des ballons-sondes, des avions, des stations météo décortiquent l'atmosphère. Et les dernières théories en vogue font la part belle aux courants d'air. Le climat et le temps qu'il va faire seraient plus immédiatement liés à la circulation atmosphérique qu'à celle des masses d'eaux océaniques.

En fait, une seule chose est vraiment sûre : ces deux systèmes sont intimement liés. Même si on ne peut dire qui est l'œuf et qui est la poule. Qui dirige et qui ne fait que contribuer. Même si le Gulf Stream connaît une éclipse, les mers n'ont pas fini de faire des vagues.

36

LE MONT BLANC GRANDIRA-T-IL ENCORE ?

Le plus haut sommet d'Europe occidentale est sous surveillance constante. Et sa hauteur est régulièrement relevée avec précision. C'est comme cela que l'on s'est aperçu que les fameux 4 807 mètres appris à l'école étaient dépassés. De plusieurs mètres. Et le plus drôle, c'est que c'est en plus ou en moins. Car le mont Blanc grandit ou rapetisse suivant les années. Même si, à long terme, sa tendance sera de prendre toujours plus de hauteur.

Pour mieux comprendre, évoquons un autre géant, de l'esprit celui-là, Albert Einstein. Eh bien, il n'a pas toujours été au top ! Il a rédigé, peu avant sa mort en 1955, une préface pour encenser le livre de l'Américain Charles Hapgood, un historien piqué de géologie qui passa une grande partie de sa vie à rechercher la mythique Atlantide. Dans cet ouvrage, l'Américain affirme que le poids grandissant des calottes glaciaires situées aux pôles exerce une pression croissante sur la croûte terrestre, l'obligeant à se déplacer comme un tissu glissant sur un support solide. Albert Einstein écrit à Hapgood : « Vos arguments ont du poids et j'ai le sentiment que votre hypothèse est correcte. » Hapgood réfute la théorie selon laquelle les continents bougent les uns par rapport aux autres. Il rit de ceux qui ont cru voir une correspondance de forme entre, par exemple, la côte atlantique de l'Amérique du Sud et celle de l'Afrique. Tout à fait ridicule, affirme-t-il. Mais l'histoire lui a déjà donné tort.

Car, en 1912, un météorologue et astronome allemand de l'université de Marburg, Alfred Wegener, a publié un ouvrage intitulé *La Genèse des continents et des océans*. Il y expose sa théorie de la « translation » des continents à partir d'une unique masse de terre qu'il appelle la Pangée, à l'origine, il y a 200 ou 250 millions d'années, de toutes les terres émergées actuelles. Une théorie d'ailleurs proposée avant lui (en 1908) par un géologue amateur américain, Frank Bursley Taylor. Une thèse qui fit grand débat. Car à l'époque, le « scientifiquement correct » était de dire que si les continents bougeaient, c'était de haut en bas et non horizontalement. Une autre théorie expliquait la formation des chaînes de montagnes et des creux océaniques comme des rides formées lors du refroidissement de la Terre après sa formation, comme une pomme se fripe au cours du temps.

La controverse dura plus d'un demi-siècle. Essentiellement parce que Wegener n'appartenait pas au sérail de la géologie. Mais aussi parce qu'il n'en savait pas assez pour défendre de manière imparable sa théorie. Ce qui l'amena à parfois dire des âneries.

Il fallut attendre la découverte de la dorsale médioatlantique, cette immense chaîne de montagnes façon fermeture Éclair, pourvue d'un profond canyon en son centre, qui parcourt le milieu de l'océan Atlantique du nord au sud, puis des lectures magnétiques des roches forées dans les planchers océaniques pour enfin trouver le « moteur » de la dérive des continents. Sous la croûte terrestre morcelée se trouve un magma animé de tourbillons. Ce n'est donc qu'au milieu des années 1960 que cette théorie devint un fait établi. Alfred Wegener était mort depuis longtemps. En novembre 1930, lors d'une expédition au Groenland, il se perdit et fut retrouvé gelé quelques jours plus tard. Il venait d'avoir 50 ans. Mais son œuvre lui a survécu.

La tectonique des plaques

On sait aujourd'hui que la surface de la Terre est bien une mosaïque de plaques (terme adopté en 1968) qui bougent et s'affrontent, en se plissant en chaînes montagneuses, en plongeant vers les entrailles de la Terre, tout cela faisant naître au passage des tremblements de terre indécelables ou catastrophiques pour la vie qui s'est développée sur ces plaques. La tectonique des plaques est bien née, mais elle aura bien du mal à s'imposer puisque de fortes oppositions existaient encore dans les années 1980.

Ce qui fait qu'aujourd'hui on est capable de prévoir ce que va devenir le mont Blanc. La surface de la Terre est formée d'une dizaine de grandes plaques et d'une vingtaine de petites, dont certaines portent des continents. L'Europe et l'Amérique du Nord s'éloignent l'une de l'autre à la vitesse où nos ongles poussent (quelque 2 cm par an). L'Afrique remonte vers le nord et, un jour lointain, la Méditerranée aura disparu et les Alpes se seront transformées en une vaste chaîne de type himalayenne allant de l'Atlantique à l'Oural.

Le dernier relevé de la hauteur du mont Blanc situe son sommet à presque 4811 mètres. En septembre 2003, il était de 4808,45 mètres.

Il aurait donc grandi de presque 2,50 mètres. Mais ce n'est pas si simple. En septembre 2001, il était de 4810,4 mètres. Une fois il grandit, une fois il rapetisse. C'est que l'épaisseur de neige et de glace qui le recouvre varie un peu. L'altitude de son sommet rocheux est de 4792 mètres. Et le changement climatique actuel, s'il fait fondre les glaciers de moyenne altitude, renforce ceux de haute altitude.

Mais il n'est pas impossible que, dans quelques millions d'années, le mont Blanc soit au fond d'un océan.

37

DE QUOI EST COMPOSÉE LA TERRE ?

L'élément le plus abondant dans l'Univers est l'hydrogène, suivi de l'hélium, les deux éléments les plus simples au niveau atomique et les plus légers de tous. Du moins, c'est ce que l'on constate en scrutant l'Univers. Car même si aujourd'hui, avec les dernières générations de télescopes, on voit très, très loin, les spécialistes estiment que l'on ne distingue que 10 % de la matière de l'Univers. Les 90 % restants sont appelés matière noire, ou matière cachée, sans même parler de l'antimatière. Des particules que l'on n'a encore jamais vues devraient la former.

Pour ce qui est de la matière visible, elle est composée de 90 % d'hydrogène, de 9 % d'hélium, d'un fifrelin (0,1 %) d'oxygène ou encore d'un soupçon (0,06 %) de carbone. Notre Soleil, une étoile encore jeune, compte 93 % d'hydrogène, 6 % d'hélium, 0,06 % d'oxygène et 0,04 % de carbone, entre autres.

Mais redescendons dans notre univers, la Terre. La matière de notre planète est composée de 92 éléments chimiques naturels. Une trentaine sont très répandus et une demi-douzaine sont réellement indispensables à la vie. Le plus abondant est l'oxygène avec près de 47 % de la croûte terrestre. Le deuxième plus abondant est le silicium avec 28 %. Puis viennent l'aluminium (8,1 %), le fer (5 %), le calcium (3,6 %), le sodium (2,8 %), le potassium

(2,6 %) et le magnésium (2,1 %). Ces 8 éléments constituent ainsi à eux seuls 98,5 % de l'écorce terrestre. Les 84 autres éléments chimiques naturels ne représentent donc que 1,5 % de la Terre.

Il y a dans cette liste des absents de marque. Ainsi en est-il du carbone, l'une des briques essentielles de la vie. Il est présent à raison de 0,048 % de la croûte terrestre et arrive donc en quinzième position des éléments les plus abondants. Mais sur 100 atomes de notre corps, une cinquantaine sont des atomes d'hydrogène, 25 des atomes d'oxygène et 10 des atomes de carbone. Les autres, bien que présents à beaucoup plus faible dose, n'en sont pas moins indispensables. On peut citer le fer, pour le transport de l'oxygène dans le sang par l'hémoglobine, le cobalt indispensable à la vitamine B12, le manganèse et le zinc pour les réactions enzymatiques dans les cellules. Citons aussi un autre absent de marque dans les éléments abondants, très important également pour la vie, l'azote. Il n'est présent qu'à 0,03 % dans la croûte terrestre. Mais il représente 78 % de l'air que nous respirons.

Il y a également ce que l'on pourrait appeler des « intrus ». Le néodyme en est un. Il est plus abondant sur Terre que le cobalt par exemple. Mais est totalement inconnu. Pourtant, il rend de nombreux services, comme la coloration des lunettes solaires, celle des céramiques, les têtes de lecture des disques durs ou les… pierres à briquets. Le rubidium est 15 fois plus présent que le plomb. Le gadolinium dont nous n'avons jamais entendu parler est lui aussi mieux représenté que l'étain.

Quelques surprises

L'histoire réserve elle aussi quelques surprises. Ainsi pour l'aluminium, troisième élément le plus abondant avec un peu plus de 8 % de la croûte terrestre. Il n'a été découvert que tardivement, au XIXe siècle et a longtemps été considéré comme un métal rare. À cette époque, les couverts en alu remplacèrent même l'argenterie dans quelques nobles et riches familles françaises.

Il y a pourtant bien des métaux rares et même très rares. L'homme ne s'est pas trompé en élevant l'or au rang de métal le plus précieux si l'on tient compte de son aspect, de sa facilité de façonnage et… de sa rareté. Il n'est présent, estime-t-on, qu'à 0,003 % de la croûte terrestre. Contre 0,05 % pour l'argent, 0,005 % pour le platine ou 0,02 % pour le mercure, seul métal liquide à température ambiante.

Mais l'or n'est pas l'élément le plus rare. Il faut aller voir du côté du francium et de l'astate. Ce sont eux les plus rares. Et pour cause, ce sont des éléments radioactifs, c'est-à-dire instables. Ils naissent de la cassure d'un élément « père » et donneront eux-mêmes naissance à des éléments « fils ». Le francium fut d'ailleurs le dernier élément chimique naturel à être découvert. Ce qui fut effectué par Marguerite Perey à l'Institut Curie de Paris en 1939. Si le francium est si rare, c'est qu'il se casse très rapidement. Sa demi-vie, c'est-à-dire le temps qu'il faut pour qu'une certaine masse de francium soit réduite de moitié, est de moins de 22 minutes. Par comparaison, le second élément le moins abondant, l'astate, a une demi-vie de 8,5 heures.

Dernière chose. Voici un autre classement en fonction cette fois de l'utilité que les éléments minéraux présentent pour l'homme. Eh bien, au cours d'une vie de 70 ans, un Européen « consomme » 14 tonnes de fer, 1,6 tonne d'aluminium, 680 kg de cuivre, 360 kg de plomb et 343 kg de zinc. Quel solide appétit… !

38

À QUI APPARTIENT LA LUNE ?

La question semblait réglée depuis des années. Depuis qu'un Traité international établi sous l'égide de l'ONU avait, en 1967, stipulé dans son article II que « l'espace extra-atmosphérique, y compris la Lune et les autres corps célestes, ne peut faire l'objet d'appropriation nationale par proclamation de souveraineté, ni par voie d'utilisation ou d'occupation, ni par aucun autre moyen ». La Lune n'appartiendrait donc à personne (ou à tout le monde).

Mais la conquête spatiale a considérablement évolué depuis 1967. Et les réglementations ont fleuri, des accords bilatéraux ou multilatéraux entre gouvernements ou entre agences spatiales se sont multipliés. Des tonnes de documents définissent les règles et les responsabilités pour les tirs spatiaux, les satellites, les hommes dans l'espace, la station spatiale internationale, les sondes exploratrices... Les règles juridiques applicables à l'espace sont aujourd'hui très (trop) complexes, sans véritable plan d'ensemble. Même les spécialistes ont du mal à se retrouver dans ce qui est devenu une jungle quasi inextricable. D'autant que se développent les premières entreprises privées de vols spatiaux. Que se passera-t-il si l'une d'elles prend pied sur la Lune pour l'exploiter ?

Et les revendications de propriété de terrains lunaires se multiplient. Ce qui a conduit l'Institut international du droit de l'espace (IISL) à lancer récemment une mise en garde solennelle : « Il y a besoin d'une déclaration concernant l'actuelle situation légale des revendications privées de propriété de la Lune et d'autres corps célestes. » Et l'IISL de rappeler qu'il est de la responsabilité de chaque État de ne pas légaliser ces revendications de propriété. Le problème est que tout le monde n'a pas ratifié ni même signé le traité de l'espace de 1967. Au 1er janvier 2005, sur les 178 États de l'ONU, seuls 97 avaient ratifié le traité de 1967, et 27 autres ne l'avaient que signé (la signature est moins « forte » que la ratification). Si la Chine, la France, la Russie ou les États-Unis l'ont ratifié, Monaco, le Qatar ou Oman ne l'ont même pas signé.

Gouvernement galactique

Un autre traité international, établi en 1979, concerne l'éventuelle exploitation de la Lune et des autres corps célestes. Exploitation qui est encadrée mais parfaitement autorisée. Seuls onze États l'ont ratifié et cinq l'ont signé, dont la France et l'Inde. Mais pas les États-Unis, la Chine, la Russie ou le Japon.

Et on sait que des projets sont dans les tiroirs de plusieurs agences spatiales concernant des exploitations «minières»: l'hélium-3 (qui pourrait devenir un supercarburant) et l'eau de la Lune, le magnésium, le cobalt ou l'uranium de Mars, l'or des astéroïdes…

Néanmoins, en annonçant son retour sur la Lune pour 2024, la Nasa a surtout insisté sur l'intérêt scientifique du projet. Et sur le fait que la Lune pourrait constituer une base de lancement pour des vols habités vers d'autres planètes.

Il existe également des projets d'hôtel lunaire ou en orbite. Quel droit s'y appliquerait? Pour l'instant, il serait semblable en grande partie au droit maritime. Les engins spatiaux portent, comme les bateaux, des pavillons. C'est donc le droit du pays où est enregistré l'engin qui s'applique à lui. Si une fusée russe est lancée depuis le territoire français, la France et la Russie sont responsables d'elle pendant son trajet, à l'aller comme au retour, mais à l'intérieur de la fusée, ce sont les lois russes qui s'appliquent.

Remettons les pieds sur la Lune. Nombreux sont les hurluberlus, un peu partout dans le monde, qui s'en disent propriétaires. Le plus connu est Dennis M. Hope (il s'est autoproclamé président du gouvernement galactique), un Américain qui, en 1980, a déposé des actes de propriété de la Lune et de toutes les planètes du système solaire auprès des services fonciers de la ville de San Francisco, avec copie à l'ONU et aux gouvernements américains et russes. À travers sa société, Lunar Embassy, il vend des parcelles lunaires. On peut ainsi s'offrir un lot de 4000 m^2 près de la mer de la Tranquillité pour un peu plus d'une trentaine d'euros. Et recevoir son superbe titre de propriété accompagné d'une photo du terrain en question et des caractéristiques géographiques de son emplacement. De quoi faire un beau tableau à accrocher à son mur pour une somme modique (cela dit, vous pouvez le réaliser vous-même pour encore moins cher).

Une autre société américaine s'est également lancée dans ce commerce en 1999. La Lunar Republic Society est basée à New York et affirme également être propriétaire de la Lune. Bien que ces titres n'aient bien sûr aucune valeur « notariale », ces sociétés affirment avoir déjà vendu des millions de mètres carrés de Lune. À des milliers de personnes qui sont vraiment… dans la lune.

39

EINSTEIN A-T-IL ENCORE RAISON ?

« Est-il indispensable, pour comprendre vos théories, de posséder une haute culture mathématique ? » demandait un journaliste du *Figaro,* dans son édition du 13 octobre 1921, au professeur Albert Einstein. Après un instant de recueillement, celui-ci répondait posément : « Non. » Dans ce même long entretien, le « découvreur » de la relativité s'étonnait tout de même de l'intérêt suscité par ses travaux dans le grand public « alors que tout cela est si difficile à comprendre, plus difficile encore à expliquer quand on croit l'avoir compris… »

2005 avait été baptisée « Année mondiale de la physique » pour célébrer le centenaire de la parution des quatre articles scientifiques fondateurs de la physique moderne. Quatre textes qui ont révolutionné la connaissance et la vision du monde comme seules avant eux l'avaient fait les publications de Galilée et de Newton aux XVIIe et XVIIIe siècles. Cent ans après sa fulgurance, Einstein a-t-il encore raison ?

La grande majorité des physiciens contemporains ne travaille en fait qu'à une seule chose : « démolir », avec grand respect, Einstein. Comme celui-ci avait « rectifié » la théorie de Galilée, qui lui-même avait corrigé une erreur d'Aristote, lequel tentait de réfuter les travaux d'Anaxagore… La relativité devrait mener loin, à condition d'en sortir.

Einstein savait d'ailleurs très bien que ses travaux, ses idées, n'étaient qu'une avancée – incomplète – dans la quête de la connaissance. Il n'empêche que le Suisse d'origine allemande, passionné de brevets, de synchronisation des horloges et d'électromagnétisme, tient encore bon. La relativité mise en équations résiste aux tentatives de destruction. Le colosse n'a pas les pieds d'argile. Et pour cause. L'espace-temps cher à Einstein nous est ainsi aujourd'hui fort utile même s'il n'est pas toujours limpide. Le système GPS en est concrètement le reflet. Pas seulement parce qu'il nous dit où nous sommes et à quelle heure, mais surtout parce que les satellites qui rendent ce service prennent en compte le fait que le temps ne semble pas tout à fait s'écouler de la même manière pour eux (qui tournent vite et loin de la Terre) que pour nous. Les corrections apportées grâce aux équations de la relativité aux horloges de ces satellites permettent seules la fiabilité du système.

L'une des autres grandes démonstrations d'Einstein est l'équivalence masse-énergie. Ce qu'il a traduit par la plus connue des formules de physique, « $E = mc^2$ » – qu'il écrivit en fait « $L = MV^2$ ». Qui entre autres a permis l'exploitation de la fission nucléaire et peut-être la domestication de l'énergie qui fait briller le Soleil, la fusion nucléaire.

En fait, ces concepts mathématiques ne rendent pas compte de la principale utilité de la relativité. Cette dernière permet de mieux comprendre les lois qui régissent l'infiniment grand et l'infiniment petit. Transformons-nous en atome, et notre vie sera régie par la mécanique dite quantique. Devenons une étoile lointaine, notre devenir sera dicté par la mécanique relativiste. À notre échelle, la physique de Newton suffit bien.

Là où Einstein peut être (sera) dépassé – un sujet sur lequel il a travaillé sans aboutir – se trouve sur le terrain de la relation commune entre ces deux infinis. Ce que les scientifiques appellent « la grande unification ». C'est-à-dire trouver un chemin qui permette de passer mathématiquement de l'une à l'autre de ces mécaniques. Aussi étonnant que cela puisse paraître, il existe aujourd'hui des incompatibilités irréversibles entre elles. Autrement dit, ça ne marche pas.

C'est pourquoi les faiseurs d'équations ont développé la très séduisante théorie dite des cordes. Une particule n'est plus définie comme une sphère mais comme une corde fermée sur elle-même qui tourne en se tordant sans arrêt en tous sens. Un magnifique terrain de jeux pour les amateurs d'équations. Quelques expérimentateurs se sont tout de même joints à eux et échafaudent des dispositifs visant à confirmer ou infirmer leurs hypothèses.

S'il est déjà délicat de comprendre la relativité, avec ses quatre dimensions – trois pour l'espace et une pour le temps –, la théorie des cordes est absolument désespérante : elle nécessite l'intervention de… 11 voire 21 dimensions… Einstein n'a peut-être déjà plus raison, mais on ne le sait pas encore. Et nul doute que les raisons pour lesquelles il n'aura plus raison resteront obscures à notre raison.

40

POURQUOI L'EAU NE PEUT-ELLE PAS S'ENFLAMMER ?

La guerre du feu est loin d'être terminée. Car sa domestication se poursuit et les enjeux à la clé sont colossaux. En effet, le feu ne sert plus seulement à se nourrir, à se chauffer, à s'éclairer ou à se défendre. Il a été mis au service de la production industrielle, du transport, de l'exploration spatiale… Le feu qui brûle dans les boosters et moteurs des fusées européennes Ariane, dans ceux de la navette américaine ou des Soyouz russes, est sans doute l'un des feux les plus maîtrisés et perfectionnés que les hommes aient jamais employés.

Et il est possible, encore, de l'améliorer. Sur le plan de sa propreté, par exemple. On dit qu'il n'y a pas de fumée sans feu : les chercheurs aimeraient généraliser le fait qu'il y ait des feux sans fumée. Un grand nombre de pollutions seraient ainsi supprimées. Et mieux connaître le feu, c'est aussi mieux le modéliser et le combattre.

Car le feu est à la fois simple et compliqué. Il est simple en ce qu'il ne nécessite « que » trois ingrédients pour exister : une matière combustible (bois, essence...), une substance qui réagisse avec le combustible, le plus souvent l'oxygène, appelé comburant, et une source de chaleur. Ce « triangle du feu » est nécessaire et indispensable à toute combustion. Qu'un des trois éléments vienne à manquer, et le feu ne peut se déclencher. Ou s'éteint.

Il est compliqué en ce qu'il est à la base une réaction chimique. Des molécules réagissent entre elles et les réarrangements qui en découlent produisent de la chaleur, de la lumière, des résidus et bien souvent du son.

Partons du plus simple des atomes, celui d'hydrogène, constitué d'un noyau (avec un seul proton) et d'un électron. Lorsque deux atomes d'hydrogène s'approchent l'un de l'autre, ils appliquent la maxime « l'union fait la force ». En s'unissant, ils sont plus « forts » qu'isolés. La molécule ainsi créée est plus stable, car l'énergie nécessaire à la conserver en l'état est plus faible. En d'autres termes, la molécule d'hydrogène est moins dépensière en énergie que les atomes indépendants.

Que se passe-t-il si une molécule d'oxygène (elle aussi constituée de deux atomes d'oxygène) s'approche d'atomes d'hydrogène ? Si elle est « calme », rien ne va se passer. Mais admettons que la molécule d'oxygène soit très agitée à cause d'une chaleur très élevée. Elle risque alors de foncer dans une molécule d'hydrogène. Si le choc est suffisamment violent, les atomes d'oxygène vont se rendre compte qu'ils peuvent trouver une situation plus confortable en s'alliant chacun avec une molécule d'hydrogène. Chacun des partenaires y gagne. Se crée ainsi une molécule comprenant deux atomes d'hydrogène et un atome d'oxygène : c'est une molécule d'eau. Cette dernière est donc le produit de combustion de l'hydrogène. Quand l'hydrogène brûle, les cendres produites sont de l'eau. Et des cendres ne peuvent pas s'enflammer.

La réaction chimique crée donc de nouvelles molécules en libérant une certaine quantité d'énergie. Celle-ci entraîne une augmentation de l'agitation des molécules donc de la chaleur. La chaleur dégagée, la vitesse de « montée » en température et la vitesse de propagation d'un feu dépendent ainsi fortement des matières impliquées et des conditions initiales. Un même volume de bois, par exemple, donnera un feu bien différent selon qu'il est massif, en petits bouts ou en sciure.

Mettre le feu au travail

Les combustions vont ainsi des oxydations lentes (le feu qui couve) à la détonation et à l'explosion. La dynamique du feu est une discipline à part entière dans les sciences de la combustion. Le premier vrai effort scientifique pour l'étudier date du siècle des Lumières. En 1737, l'Académie des sciences soumet à concours le thème « De la nature et de la propagation du feu ». Voltaire y participa, mais ce fut le grand mathématicien suisse Euler qui le gagna. Son texte, en latin, bien que loin de la réalité, contient pourtant en germe le modèle actuel de la propagation du feu. Quelques années plus tard, en 1777, c'est le grand chimiste Lavoisier qui, avant de perdre la tête sur l'échafaud, démontra que l'eau était le produit de combustion de l'hydrogène avec l'oxygène. Et si bien des progrès ont été faits depuis, beaucoup restent encore à faire.

Particulièrement pour mettre le feu au travail, essentiellement dans les moteurs. On estime ainsi que 80 % de toutes les combustions « domestiques » concernent les moteurs. Et le *nec plus ultra* d'entre eux sont les moteurs de fusée. Comme par exemple le moteur Vulcain (le dieu du feu, maître des forges de Zeus dans la mythologie) des fusées Ariane 5. À ne pas confondre avec ses boosters, les deux gros cylindres de 30 mètres de haut qui l'encadrent, remplis d'un mélange de perchlorate d'ammonium, de polybutadiène et de poudre d'aluminium et qui fonctionnent comme deux gros feux d'artifice.

Dans la chambre de combustion du moteur Vulcain, la pression est 110 fois plus élevée que la pression atmosphérique et la température atteint 3200 °C. De longues études ont été nécessaires pour modéliser ce qui s'y passe, en particulier pour bien comprendre les turbulences qui s'y créent. Ce moteur a la puissance d'une centrale nucléaire et est alimenté par des réservoirs d'hydrogène liquide (600 litres injectés par seconde) et d'oxygène liquide (200 litres injectés par seconde). Cela vous rappelle quelque chose ? Eh oui, les gaz crachés par le moteur d'Ariane sont… de la vapeur d'eau.

41

PEUT-ON ÊTRE AVALÉ PAR LES SABLES MOUVANTS ?

Les sables mouvants peuvent être mortels, c'est vrai. Ce qui a contribué à l'édification de leur mythe *via* les récits populaires, la littérature ou le cinéma, du *Chien des Baskerville* à *Indiana Jones*. Les sables mouvants font partout figure d'épouvantails, traîtres et impitoyables. En anglais, on parle de *quicksands*, « les sables rapides ». En allemand de *Triebsand*, « le sable qui pousse ». En italien de *sabbie mobile*, « le sable mobile ». En russe de *ziboutchié peski*, « les sables vacillants ». En chinois de *liou cha*, « le sable qui coule ». En arabe de *ramla moutaharika*, « les sables mouvants sous soi ». Dans tous les cas, ça bouge. Mais ça n'avale pas. On ne peut pas être englouti par des sables mouvants, cela est physiquement impossible. On s'embourbe et on s'englue, mais on ne coule pas.

Pour avoir un « bon » sable mouvant, il faut plus que de l'eau et du sable. Sinon, on ne pourrait pas se promener sur les plages au bord de l'eau sans s'enfoncer. Il faut au moins deux autres ingrédients, du sel et de l'argile. C'est ce mélange qui va créer une matière molle aux propriétés hybrides entre le solide et le liquide, et capable de changer très rapidement de consistance. Et s'il y a bien sûr plusieurs types de sables mouvants en fonction des pays et des circonstances, ce principe de changement brusque de consistance de la matière s'applique à tous.

L'argile assure, par sa viscosité, une certaine tenue à l'ensemble. C'est lui, avec le sel, qui donne cet aspect boueux au sable mouvant. Qui est en fait une espèce de château de cartes argileux dans lequel viennent prendre place les grains de sable. En dehors de toute action sur le sable, rien ne se passe. Mais si un pied, par exemple, se pose sur ce sable, ce simple mouvement, qui est en fait un apport d'énergie, va faire s'écrouler le château de cartes et l'argile va se liquéfier. C'est un peu comme pour un yaourt, solide, avant que l'on ne le touille, liquide, après.

Effet « piège à loup »

L'action du pied fait que les grains de sable ne sont plus tenus les uns aux autres par la « colle » argileuse. Et ils tombent tandis que l'eau surnage. Voilà pourquoi on s'enfonce dans le sable mouvant. Et voilà aussi pourquoi plus on bougera, plus on s'enfoncera. Mais jusqu'à un certain point seulement. Car le corps humain, tout comme celui des animaux, a tendance à flotter dans l'eau. Et la poussée d'Archimède va jouer son rôle dès qu'une partie suffisante du corps sera immergée.

Mais si on ne peut être englouti, on peut tout de même rester piégé. Car lorsque le sable est libéré de la colle argileuse et tombe vers le fond, il se compacte en se vidant de son eau et devient très dur. D'où effet de succion et blocage. Une très grande force devient nécessaire pour faire remonter le pied vers le haut. C'est cet effet « piège à loup » qui est sans doute à l'origine du mythe selon lequel on peut se noyer dans les sables mouvants. Et on pense particulièrement à ceux, tristement célèbres, de la baie du Mont Saint-Michel ou à ceux de quelques fleuves et de leurs estuaires.

D'autant que le flux d'eau va aussi augmenter l'effet sable mouvant. Si on se retrouve pris au piège de sables mouvants au moment où la marée monte – et l'on sait que là-bas, elle monte très vite –, on peut très bien être incapable d'échapper aux flots et se noyer. Mais dans l'eau.

Comprendre le sable mouvant a des conséquences étonnantes. Pour rester dans le domaine des sciences de la Terre, les phénomènes de liquéfaction des sols peuvent avoir de terribles effets, soit pendant des tremblements de terre, soit avant de catastrophiques éboulements.

Tous les écoulements boueux sont concernés. Mais pas seulement eux. Ainsi, Daniel Bonn, physicien dans un laboratoire de l'École normale supérieure à Paris, l'un des grands spécialistes de ce domaine, a également étudié le phénomène d'adhérence de l'eau sur les feuilles d'arbres car les mêmes «principes» y sont à l'œuvre. Celles-ci sont recouvertes d'une fine couche de cire qui incite la goutte d'eau à se contracter et à rouler sur sa surface plutôt que de la mouiller et y pénétrer. Ce qui fait que lors de l'épandage de produits phytosanitaires sur les cultures, les doses doivent être plus élevées que si l'eau pénétrait mieux. En ajoutant un polymère particulier, on obtient cet effet et les doses de produits employés peuvent être diminuées. Comme quoi, jouer avec le sable, même mouvant, peut ouvrir de solides perspectives.

42

POURQUOI LES FEUILLES TOMBENT-ELLES EN AUTOMNE ?

Tout le monde croit qu'il y a deux types d'arbres. Ceux qui perdent leurs feuilles et ceux qui ne les perdent pas. Eh bien, ce n'est pas vrai. Tous les arbres perdent, à un moment ou à un autre, leur feuillage, qu'il soit constitué de feuilles, d'aiguilles ou d'écailles, comme c'est le cas pour le thuya. Certains choisissent de le faire (magnifiquement) en automne, d'autres frileusement en hiver (mélèze ou ginkgo biloba), d'autres douillettement au printemps (charme, châtaignier), d'autres chaudement en été... Et certains, comme si de rien n'était, le font sur plusieurs années (chêne-liège, laurier ou conifères).

La langue française est en partie responsable de ce malentendu injuste. Elle appelle « caduques » les arbres qui perdent leurs feuilles chaque année. Ce qui signifie « dépassé », « ringard », « vieux » ou « suranné ». Et ceux qui – prétendument – ne les perdent pas sont nommés « persistants ». Ce qui signifie « permanent », « inaltérable », « stable », voire « éternel ».

Mais quels sont ceux dont la mue, chaque année de leur vie, qui peut être très longue, donne le plus beau spectacle qui soit, en automne tout comme au printemps ? Quels sont ceux dont les cimes sont si imposantes et bénéfiques en été et si chatoyantes en automne ?

Une forêt de conifères, pins dans les Landes ou sapins sur les flancs alpins, réserve ses surprises et ses plaisirs à qui sait humer ses délicieux effluves. Surtout en été. Mais que dire du spectacle d'une forêt de chênes, de hêtres, de châtaigniers, de bouleaux, d'érables… qui, comme gênés par une mue qui met leurs branches à nu, rougissent ou jaunissent en automne avec une infinie palette de couleurs ?

Il est vrai qu'ils n'ont pas le choix : c'est qu'ils veulent continuer à vivre. Et qu'ils doivent faire le sacrifice de leur feuillage pour surmonter les rigueurs hivernales des zones tempérées (les arbres des zones tropicales n'ont pas ce problème). Laisser au dehors ces petites feuilles fragiles (contrairement aux aiguilles ou aux écailles) irriguées par la sève-sang pourrait être fatal à l'arbre. Il lui faut se claquemurer chez lui, se réfugier dans un tronc emmailloté par une couverture d'écorce et ses racines protégées par l'édredon du sous-sol.

Comment l'arbre le sait-il? C'est qu'il lit dans la lumière (jour plus court), le thermomètre et l'humidité de l'air. Grâce à ses deux amours, ses racines et ses feuilles. Des premières, il tire de l'eau et des sels minéraux et envoie cette sève vers le haut par osmose et capillarité. Des secondes, grâce à sa respiration (nommée photosynthèse, inverse de chez l'homme puisque l'arbre retient du gaz carbonique et rejette de l'oxygène), il tire toutes sortes de produits sucrés qu'il envoie (sous forme de sève élaborée) au reste de son «corps».

Mais les arbres n'ont pas de cœur. La pompe qui fait circuler la sève est liée à l'évapotranspiration de l'eau dans le feuillage. Ce qui créé comme un phénomène de succion qui tire la sève vers le haut, à raison d'en moyenne quelques mètres par heure. Mais qui limite la taille des arbres. Aussi bien en raison du temps nécessaire à la sève pour transiter que du fait des capacités évidemment limitées de la pompe à succion.

D'où l'intérêt de se mettre en sommeil. Pratiquement en hibernation. Les conditions climatiques à l'approche de l'hiver vont ralentir le métabolisme de l'arbre, sa circulation de sève, sa production d'hormones de croissance (l'auxine, qui va être mise de côté en attente du printemps). Va s'ensuivre la formation de petits bouchons de liège à la base des tiges des feuilles, interrompant progressivement leur irrigation. Concomitamment, la production de chlorophylle, le pigment qui permet la photosynthèse dans les feuilles, ralentit et s'arrête. Celle qui reste se désagrège. Et laisse apparaître les autres pigments des feuilles, jusqu'ici masqués par la couleur verte de la chlorophylle, tels que le carotène (jaune et orange comme dans les carottes) ou les anthocyanines (rouge et pourpre).

La conservation de ces pigments (et l'élimination de la chlorophylle) est facilitée par des nuits froides et des journées ensoleillées. Un automne doux et pluvieux va *a contrario* réduire les couleurs. De plus, si l'arbre pousse sur un sol acide, il tournera au rouge vif alors que s'il pousse sur un sol alcalin il tournera plus au violet. Au printemps, l'allongement de la durée du jour et les températures plus douces vont activer les hormones stockées et provoquer l'ouverture des bourgeons et la repousse des feuilles. Qui vont elles-mêmes relancer la machine de l'arbre.

Dans les forêts et les campagnes, les feuilles mortes produisent de l'engrais naturel pour les sols et permettent à toute une faune et une flore de proliférer. Dans les jardins, elles sont ramassées par souci de propreté et de sécurité. Tout comme dans les rues. Des voix s'élèvent régulièrement pour demander que les arbres plantés en ville soient choisis pour ne pas perdre leurs feuilles. On oublie de dire que non seulement les arbres produisent de l'oxygène, fixent du gaz carbonique mais sont aussi des pièges très efficaces pour nombre de polluants. La chute des feuilles en automne est donc comme un grand nettoyage de printemps.

43

POURQUOI Y A-T-IL DES SAISONS ?

Chaque année, autour du 21 décembre, la Terre sera à sa position de solstice d'hiver : ce sera la nuit la plus longue de l'année et la journée la plus courte (8 h 10) dans l'hémisphère Nord. Elle nous fera entrer en hiver (et en été dans l'hémisphère Sud où cela aura été la nuit la plus courte de l'année). On pense généralement que la succession des saisons, là où il y en a, est régie par la position de la Terre sur son orbite autour du Soleil : si on en est près, c'est l'été ; si on en est loin, c'est l'hiver. En fait, c'est tout l'inverse (dans l'hémisphère Nord). Le moment où la Terre est le plus près du Soleil (147 millions de km) est début janvier, une période froide ; et celui où elle en est le plus éloigné (152 millions de km) est début juillet, en plein été. Les saisons, sur Terre, sont essentiellement dues au fait que son axe de rotation, qui passe par les pôles, est incliné. Si la Terre était une toupie, au lieu de tourner bien perpendiculairement au sol, elle tournerait penchée, son axe de rotation s'écartant de 23° 26' de la verticale. Changer la forme de l'orbite de la Terre n'aurait que très peu d'influence sur les saisons. Mais supprimer son inclinaison les supprimerait.

Pour bien comprendre, il faut se représenter la Terre tout au long de son orbite (laquelle, au demeurant, est presque circulaire). Disons qu'à un « bout » de son trajet autour du Soleil, par exemple au solstice d'hiver, l'inclinaison de son axe de rotation fait que le pôle Nord est plus loin du Soleil que le pôle Sud. Le pôle Nord est donc dans le noir (nuit polaire hivernale) tandis que le Sud reste au soleil. À l'autre «bout» de l'orbite terrestre (au solstice d'été), le pôle Nord est plus près du Soleil que le pôle Sud. L'Arctique perd ses nuits tandis que l'Antarctique éteint la lumière. L'inclinaison de l'axe de rotation de la Terre fait donc que le Soleil va être plus ou moins haut dans le ciel. Plus il est haut, plus il chauffe. Plus il est bas, plus il est froid.

Plus rapide en janvier

Si la Terre n'était pas inclinée, il y aurait bien sûr des zones froides (les pôles) et des zones chaudes (l'équateur), avec un dégradé entre les deux, mais le Soleil brillant toujours à la même hauteur pour un lieu donné, cet endroit aurait toujours le même type de temps. À l'équateur et dans la bande formée par les tropiques, il n'y a d'ailleurs pas de saison à proprement parler. C'est la circulation atmosphérique qui créé ce que l'on appelle la saison des pluies et la saison sèche.

La différence de durée des saisons est, elle, due à l'orbite de la Terre. Car notre planète va légèrement plus vite quand elle se rapproche du Soleil que lorsqu'elle s'en éloigne. Ainsi, elle est plus rapide en janvier et l'hiver est la saison la plus courte. De même, elle est plus lente en juillet, et l'été est la saison la plus longue. La Terre parcourt chaque année quelque 936 millions de kilomètres à une vitesse moyenne de 29,600 m/s, soit 106 700 km/h.

Ce qui est valable pour notre planète l'est bien évidemment pour les autres. Toutes les planètes « officielles » (il en reste huit depuis que Pluton a été déchue de son statut) du système solaire devraient donc avoir des saisons. Mais à quoi ressemble un printemps martien ou un hiver vénusien ?

Une année de 668 jours

Vénus n'a que 3° d'inclinaison de son axe de rotation. Les saisons y sont donc moins marquées que pour nous. Et elles sont plus courtes que ses « jours ». Deux levers de Soleil successifs sur Vénus sont en effet séparés par 117 jours terrestres du fait de sa rotation lente.

Mars, pour sa part, a des saisons très marquées. En effet, son axe de rotation est plus incliné (25°) que le nôtre et sa distance au Soleil varie beaucoup plus. La durée des jours y est comparable à la Terre : l'année martienne compte 668,5 jours martiens (soit 687 jours terrestres). Le printemps et l'été martiens durent plus longtemps (372 jours) que l'automne et l'hiver (297 jours). L'une des plus spectaculaires conséquences des saisons martiennes est que les calottes glaciaires (faites de gaz carbonique gelé) de ses pôles « poussent » alternativement en atteignant des tailles très importantes.

Jupiter a la même inclinaison que Vénus, 3°. Les saisons n'y sont donc pas très marquées. Du fait de son éloignement du Soleil, une saison dure approximativement trois années terrestres. Son atmosphère très dense est propice aux violentes tempêtes. Saturne possède une inclinaison axiale de presque 27°. Mais étant située encore plus loin que Jupiter, les variations saisonnières sont faibles. Et les saisons sont encore plus longues : plus de sept années terrestres. C'est actuellement l'hiver sur Jupiter. Il s'est fini en mars de cette année.

Uranus, qui a une orbite presque circulaire, a une inclinaison de 98°. Ses saisons sont relativement marquées et durent vingt et une années terrestres. Uranus est actuellement dans son printemps. Enfin, Neptune, la plus éloignée des planètes, a une inclinaison axiale de 28,5°. Les variations saisonnières (tous les quarante ans) seraient faibles même s'il semble qu'elles soient visibles par des variations dans le nombre et la répartition de bandes nuageuses blanches.

Il y a, bien sûr, une exception. Il s'agit de Mercure, la planète la plus petite et la plus proche du Soleil. Elle tourne trois fois sur elle-même pendant deux de ses années et n'a pas d'inclinaison de son axe de rotation. Les Mercuriens ne connaîtront jamais les saisons.

44

LES VAGUES SCÉLÉRATES EXISTENT-ELLES ?

Parmi tous les mouvements de la mer, il en est qui demeurent mystérieux bien qu'ils agitent fortement le milieu de la marine, et maintenant celui de la science. Une terrible série de vagues a provoqué des centaines de milliers de morts fin décembre 2004 dans l'hémisphère Sud à la suite à d'un séisme sous-marin. D'autres forces agitent les mers et les eaux : marées, mascarets, courants océaniques ou côtiers… L'une d'elles est restée longtemps insaisissable, la « vague scélérate[1] ». Celle qui ne devrait pas exister en tenant compte des fonds, des courants, des conditions météorologiques. Celle qui dépasse de la tête toutes ses voisines. Deux, trois ou dix fois plus grande. Celle qui naît au cours de tempêtes mais aussi par beau temps. Une ondulation hypertrophiée de la surface de la mer qui peut aller, dit-on, jusqu'à 50 ou 60 mètres de hauteur.

Les chercheurs commencent à parler de vague scélérate lorsque sa taille, du creux à la crête, est au moins deux fois supérieure à la moyenne des vagues qui l'entourent. Mais elles peuvent aller beaucoup plus haut.

Au XIXe siècle, Dumont d'Urville (le grand Jules Sébastien César, immense explorateur, mort avec le grade de contre-amiral à 51 ans dans un accident de chemin de fer en 1842 près de Versailles) a rapporté dans ses récits de voyages avoir rencontré des vagues monstrueuses. Il fit un temps figure de Tartarin des mers. Plus près de nous, le *Queen Mary* faillit chavirer en 1942 à l'approche des côtes européennes, avec des milliers de soldats américains à bord, sous l'effet de vagues colossales. En 1943,

1. Traduction française de l'expression anglaise *rogue waves,* proposée en 2000 par Michel Olagnon, chercheur à l'Ifremer.

le *Queen Elizabeth* s'enfonça dans le creux d'une vague qui se permit d'aller détruire les vitres de sa passerelle avant, à 27 mètres au-dessus du sol. Tout en provoquant un enfoncement de son pont avant. En 1995, le *Queen Elizabeth II* fut lui aussi victime d'un mur d'eau en Atlantique nord, au large de Terre-Neuve et fut endommagé. Le porte-avions *USS Valley* vit le bâbord avant de son pont d'envol complètement découpé au large du cap Hatteras par une vague quatre fois plus élevée que les autres.

Toutes les mers sont concernées. Ainsi, le 22 novembre 2001, en mer Noire, une vague de plus de 10 mètres de hauteur a été enregistrée.

C'est l'or noir sous-marin qui va vraiment démasquer les vagues scélérates grâce aux plates-formes pétrolières. Ainsi, en 1995, en mer du Nord, la plateforme Draupner fut endommagée par une vague dont on a estimé la hauteur à 31 mètres alors que les autres étaient de 10 à 12 mètres.

Les vagues scélérates étaient enfin prises au sérieux. Et les surprises n'allaient pas manquer.

De premières études par radar satellite ont montré que ces monstres étaient sans doute plus nombreux qu'on ne le croyait. Puis les archives d'observations d'une plate-forme pétrolière dans le sud de l'océan Indien sur la période 1998-2003 ont permis de compter pas moins de 1 563 vagues scélérates potentielles. Plus étonnant encore, pendant ces six années (50 359 heures d'enregistrement), une quinzaine de vagues véritablement monstrueuses ont été dénombrées. Avec des hauteurs de 21 à… 70 mètres.

Ce qui ne s'explique pas encore tout à fait scientifiquement. Les débats restent… houleux. Une vague est une déformation, une ondulation, créée principalement par les vents, qui se déplace à la surface de l'eau. Une vague se caractérise par son élévation au-dessus de l'eau mais aussi par la distance entre son creux avant et son creux arrière. Plus ils sont proches, plus la vague va être haute et former ces « murs liquides » dont on parle tant. Et plus elle va aller vite. Dans le cas de vagues nées de vents tempétueux, le modèle classique prévoit que les premières vagues créées au début de la tempête, plus petites et plus lentes que les suivantes, sont rattrapées par de plus grosses et plus rapides. Qui les dépassent en les ignorant.

Les vagues scélérates n'auraient pas ce comportement. Elles intégreraient les petites et s'en « nourriraient ». Additionnant ainsi leurs forces et leurs tailles. On pense également que des élévations brutales de la surface marine pourraient se produire à la fin d'une tempête, lors de l'accalmie, quand les vents n'exercent plus de pression sur l'eau. Des expériences menées en laboratoire ont montré que dans des conditions bien précises de taille, de vitesse et de direction, cela était possible et qu'il se produisait des « interférences constructives ». Mais *a contrario*, on pense que ces vagues sont, du fait même de leur construction, des échafaudages fragiles dans le temps. Les vagues scélérates ne seraient donc pas de grandes voyageuses. D'où les difficultés de les observer.

Mieux les connaître, c'est mieux s'en protéger. À la fois en sachant dans quelles conditions elles naissent, comment et combien de temps elles se déplacent et comment adapter et conduire les bateaux pour ne pas en être victime. De quoi susciter des vocations.

45

LES ICEBERGS SONT-ILS SALÉS ?

Le naufrage du *Titanic*, coulé en 2 heures et demie après une collision avec un iceberg le 15 avril 1912, faisant 1 517 victimes, a eu des conséquences insoupçonnées. C'est toute une partie de l'océanographie moderne qui est née à la suite de la catastrophe. Elle a en effet entraîné une dizaine de pays (ils sont aujourd'hui 17) à liguer leurs forces pour créer un service spécial d'étude et de surveillance des icebergs dans l'Atlantique nord, l'International Ice Patrol, dépendant des gardes-côtes nord-américains. Elle recense et suit à la trace depuis 1913 tous les icebergs qui apparaissent dans cette zone océanique pendant leur saison, de février-mars à juillet, parfois jusqu'en septembre. Outre la sécurité apportée aux bateaux qui sillonnent la zone, les données recueillies ont permis de mieux modéliser les courants océaniques et servent aujourd'hui d'indicateurs aux changements climatiques.

La glace que l'on trouve dans les océans est de deux types. D'une part, celle de type glacier, qui se forme par les chutes de neige au-dessus de terres, comme le Groenland par exemple, qui donnera naissance aux icebergs par écoulement et fragmentation dans l'océan – une glace qui est donc non salée ; d'autre part, celle qui se forme directement dans l'eau, appelée glace de mer. Dans l'hémisphère Nord, elle recouvre plus de 5 millions de km^2 de l'océan Arctique. Cette banquise se forme lorsque la température de l'eau descend en dessous de -2 °C. Elle est donc constituée d'eau salée et peut atteindre jusqu'à 13 m d'épaisseur.

En fait, la glace de la banquise n'est pas *stricto sensu* salée. Si l'on en prend des glaçons, on pourra constater qu'ils ne sont pas salés. Car lorsque l'eau de mer congèle, les sels sont séparés de l'eau. Ce phénomène entraîne d'immenses mouvements d'eau. Car au moment de la formation de la glace de mer, il se forme des saumures – eau très salée – sous la glace proprement dite.

Cette eau très salée et très froide est plus lourde que le reste de l'eau. Elle va donc s'enfoncer profondément et être remplacée par de l'eau moins froide et moins salée. La banquise est inhomogène, renfermant des poches d'air, de saumure et de sel. Elle va ensuite vieillir et devenir de plus en plus dense. Elle ne présente pas d'autre danger pour les bateaux que de les retenir prisonniers ou de leur interdire le passage.

Il en va autrement pour les icebergs. Dans l'Atlantique nord, il en est produit de 10 000 à 15 000 chaque année. Un iceberg peut parcourir jusqu'à 3 000 kilomètres et « survivre » d'un à trois ans s'il reste dans des eaux froides. En moyenne, près de 500 dépassent chaque année le 48e parallèle (ils étaient plus de 2200 en 1994), là où commence la zone de navigation commerciale. Comme ils sont constitués d'eau douce, ils ont une densité inférieure à l'eau salée, ce qui leur permet de flotter. Et de dériver.

Plus grand que la Corse

Mais leur principal danger réside sous l'eau. En effet, les 7/8 de leur masse sont immergés. Un petit iceberg dépassant l'eau de 1 mètre a une partie immergée haute de 4 mètres pour une masse d'une centaine de tonnes. Les icebergs du Groenland ont fréquemment des tailles de 60 à 90 mètres au-dessus de l'eau, des longueurs de 400 à 500 mètres pour des masses de 1,5 million de tonnes. Et il est impossible de déterminer la forme de la partie immergée à partir de ce qui dépasse. En Antarctique, les icebergs sont souvent beaucoup plus gros. En 2000, les satellites de surveillance en ont repéré un faisant 11 000 km^2 (la Corse fait 8 000 km^2). Il s'est fragmenté mais son plus gros fragment mesurait encore 3 000 km^2 quelques années plus tard, le plus gros objet flottant sur les océans.

Dans les années 1950 et 1960, de vastes expériences ont été menées pour détruire les icebergs, à coups de canons, de mines, d'explosifs ou en les couvrant de noir pour hâter leur fonte. Mais aucune de ces techniques n'est vraiment efficace et la surveillance reste le meilleur moyen de sécuriser les océans. Certains caressent toujours l'idée de remorquer des icebergs vers des zones où l'on manque d'eau douce. D'autres proposent, à prix d'or, des bouteilles d'eau d'iceberg.

La surveillance des banquises et des icebergs du pôle Nord a montré que, au début du XXIe siècle, la surface couverte par la glace de mer en Arctique diminuait, les températures étant en moyenne plus élevées et le printemps plus précoce (17 jours plus tôt que d'habitude en 2005). Il « manquerait » ainsi une superficie de 800 000 km^2 de glace de mer (une fois et demie la France). Ce qui n'est pas sans conséquence pour le climat planétaire ou la hauteur des océans. Et qui va peut-être multiplier le nombre d'icebergs dans les océans en accélérant la fonte des glaciers arctiques et antarctiques. La note risque d'être… salée.

46

POURQUOI LES DUNES CHANTENT-ELLES ?

Elles seraient une cinquantaine de par le monde à posséder ce singulier talent, que ce soit en Afrique, au Kalahari, en Chine, dans le désert de Gobi ou en Amériquc, dans la Vallée de la mort californienne. Ces Callas des sables chantent des mélopées du désert tout à fait uniques et envoûtantes. Nombreuses sont celles qui ont été enregistrées et leur écoute est saisissante[1]. Ce ne sont pas des roulements,

1. www.lps.ens.fr/~douady/SongofDunes.

des grondements, des bruits de frottement ou de glissement mais bien des notes tenues proches du vocal avec une puissance importante. Les chants de dune sont connus depuis très longtemps – Marco Polo les comparait dans ses récits au roulement de tambours de guerre –, mais c'est seulement maintenant que l'on commence à savoir comment ils se déclenchent. Et l'on sait que les « cordes vocales » des dunes doivent tout à la nature duale du sable, ce solide capable de couler.

La seule responsabilité de la dune est de se mettre dans une configuration – taille, forme, etc. – adéquate. Le chant de dune est provoqué par une avalanche de sable dans la face la plus pentue de la dune, lorsqu'une congère formée à son sommet par le vent s'écroule. Le son, qui va durer jusqu'à ce que l'écoulement de sable arrive au pied de la dune, soit plusieurs minutes, possède une note fondamentale et des harmoniques clairement définies. Le fondamental est une vibration autour de 100 hertz (entre 65 et 110), ce qui est dans le registre de la voix humaine et qui donne donc au chant de dune son côté mélopée basse. C'est aussi un son puissant puisqu'il atteint facilement 100 décibels (un bruit de marteau-piqueur). On peut l'entendre à 10 kilomètres à la ronde.

On a longtemps cru que c'était la dune elle-même qui servait de caisse de résonance. Mais il n'en est apparemment rien puisque ni la taille ni la forme de la dune n'influent sur la fréquence du chant. Des chercheurs français du Centre national de la recherche scientifique[1] se penchent depuis plusieurs années sur ce phénomène afin de mieux comprendre l'évolution des dunes et du désert.

Avalanche de sable

Et ils ont même réussi à reproduire en laboratoire le chant des dunes grâce à un dispositif simple : un anneau en Plexiglas contenant du sable chantant est doté d'un bras motorisé qui permet de brasser le sable. Celui-ci est donc poussé dans l'anneau à la vitesse voulue. Les sons produits sont de même fréquence que ceux observés sur le terrain mais sont moins intenses. En effet, la quantité de sable en mouvement – 10 centimètres cubes – est bien plus faible que dans la nature où elle atteint facilement le mètre cube.

Après bien des travaux, aussi bien sur le terrain qu'en simulation, les chercheurs défendent l'hypothèse que l'avalanche de sable agirait comme un… laser acoustique. Dans un laser, l'émission de lumière est basée sur le fait que tous les photons émis – les grains de lumière – sont en phase les uns avec les autres : ils « vibrent » tous de la même manière sur le même rythme. C'est ce qui se produirait dans la couche de quelques centimètres d'épaisseur de sable qui coule sur le flanc d'avalanche de la dune.

1. Laboratoire CNRS « Matières et systèmes complexes » à l'université Paris-VII dirigé par Stéphane Douady.

Pour comprendre comment le son peut naître, il faut faire appel au côté granulaire du sable qui est constitué de l'« empilement » de millions de grains. C'est un matériau très spécial dont l'une des caractéristiques est que lorsqu'il veut changer de forme, il doit d'abord se dilater. Donc aspirer de l'air avant de le rejeter. Le mouvement synchrone des grains de sable produirait donc des vibrations de l'air qui, s'ajoutant les unes aux autres, produirait le son du chant. La couche de sable en mouvement se conduirait donc comme une membrane de haut-parleur qui transmet ses vibrations à l'air pour faire naître les sons.

Les travaux les plus récents de l'équipe française[1] ont montré qu'une vitesse minimale de 0,45 m/s était nécessaire à l'émission du son. Et que la nature et l'état du sable conditionnaient la possibilité d'émettre des sons. Ainsi, le sable d'une des dunes étudiées, située à Tarfaya au sud-ouest du Maroc, possède des grains de sable particuliers. Chaque grain est recouvert d'une espèce de « vernis », fait d'argile et de calcite, que les archéologues connaissent sous le nom de « glasure du désert ». Sans ce « vernis », point de chant. L'humidité du sable est également un facteur déterminant. Ainsi, le sable mouillé refuse de chanter. Les chants des dunes n'ont pas encore livré tous leurs secrets.

1. *Physical Review Letters*, 14 juillet 2006.

47

DANS QUEL SENS TOURNE-T-ON ?

Elle serait responsable de tout ce qui fait tourner. Une sorte de derviche tourneur à l'échelle planétaire. Ainsi, elle serait responsable du sens dans lequel on danse, de celui dans lequel on fait ses courses dans un supermarché (si, si, certains l'affirment), de celui des carrefours giratoires, de celui dans lequel l'eau d'un lavabo[1] ou d'une baignoire va se vider, de la naissance des alizés dans la ceinture équatoriale, de celui dans lequel tournent les vents d'un cyclone ou du fait que les avions vont plus vite en volant de l'ouest vers l'est qu'inversement. Seul le sens dans lequel on tourne sa petite cuillère dans une tasse semble lui avoir, autour des comptoirs, échappé.

Elle, c'est la force de Coriolis, du nom de l'ingénieur français Gaspard-Gustave Coriolis qui la décrivit mathématiquement en 1835 et à qui on donnera son nom à la fin du XIXe siècle. La force de Coriolis n'est pas, en fait, une « vraie » force comme l'est la gravitation ou le magnétisme. C'est une force fictive qui résulte de la combinaison de deux mouvements, en l'occurrence celui de l'eau ou de l'air et celui de rotation de la Terre. C'est d'ailleurs

1. La masse d'eau dans un lavabo ou une baignoire est beaucoup trop faible pour que l'effet Coriolis se manifeste. Le tourbillon qui se forme quand on les vide peut donc tourner dans n'importe quel sens.

pourquoi les puristes préfèrent parler d'« effet » Coriolis plutôt que de « force ». Mais, bon…

Imaginons que la Terre ne tourne pas. Il y aurait pourtant des différences de températures dans son atmosphère. Donc il y aurait des mouvements d'air. Il se créerait alors une circulation constante et éternelle entre les endroits froids et chauds, circulation qui se ferait toujours de la même manière. Et ce monde-là ne connaîtrait jamais les joies de la force de Coriolis.

Mais la Terre tourne. Et les mouvements des masses d'air sont affectés par cette rotation. Ainsi, de l'air à haute pression se dépêchant d'aller soulager de l'air à basse pression voit sa route irrésistiblement modifiée.

Maintenant, une question délicate. Pourquoi une masse d'air (ou d'eau) est-elle déviée différemment dans les deux hémisphères, vers la droite dans le Nord et vers la gauche dans le Sud ? C'est que les aiguilles d'une montre n'y tournent pas dans le même sens. Enfin, si. Celles des montres que l'on porte au poignet. Mais si l'horloge avait été inventée dans l'hémisphère Sud, le sens des aiguilles d'une montre serait l'inverse de celui qu'il est aujourd'hui. Car d'où vient que les aiguilles tournent de gauche à droite ? C'est tout simplement le sens du trajet du soleil dans le ciel… de l'hémisphère Nord. Il s'y lève à l'est (à gauche si l'on tourne le dos au pôle Nord) et s'y couche à l'ouest (à droite). Ce qui est l'inverse de l'hémisphère Sud. Entre parenthèses, une montre tournant dans l'autre sens donne parfaitement l'heure et certains fabricants ne se sont pas privés d'en produire. Autre conséquence de cette inversion, l'effet Coriolis est nul à l'équateur (du moins, pour les puristes, sa composante horizontale).

Trop faible à l'équateur

Donc, une masse d'air est déviée vers la droite dans l'hémisphère Nord. Les vents des tempêtes tropicales et des cyclones devraient donc y tourner dans le sens des aiguilles d'une montre, non ? Eh bien, non. Ils tournent dans le sens contraire. Et dans celui des aiguilles d'une montre dans l'hémisphère Sud. À quel jeu joue donc Coriolis ?

Pour y voir clair, il ne faut pas oublier comment se forment les cyclones et autres ouragans. Ils naissent à la fin de l'été, quand les eaux marines atteignent au moins 26 à 27 °C. Une dépression se crée à cet endroit. Tout autour, l'air à plus haute pression réagit et se précipite, plus ou moins vite en fonction de la dépression, pour combler le vide. Et ces masses d'air sont effectivement déviées vers la droite dans l'hémisphère Nord (qui compte 70 % des cyclones annuels). L'air à plus basse pression au centre est ainsi mis en mouvement par friction en sens inverse. Le cyclone va donc tourner en sens inverse des aiguilles d'une montre. Et s'il n'y a pas de cyclones à l'équateur (en fait dans une bande de 5° de latitude de part et d'autre), c'est que la force de Coriolis y est trop faible pour déclencher cet enchaînement de masses d'air tournantes.

L'effet Coriolis participe également, entre autres, aux trajectoires des cyclones : en effet, il agit sur le trajet de la masse d'air tourbillonnante en la

« tirant » vers la droite. Un cyclone voyageant d'est en ouest se décalera ainsi progressivement vers le nord. Coriolis est également très important pour les compagnies aériennes. Car il influe sur les temps de vol. Sans entrer dans les détails, la composante verticale de l'effet Coriolis allège ou alourdit de quelques dixièmes un avion voyageant d'est en ouest ou inversement. Il est ainsi plus léger dans le sens New York-Paris que l'inverse. Même si cet effet n'est pas négligeable, le gain de temps dans le sens ouest-est est davantage dû aux forts vents dans la haute atmosphère qui sont orientés ouest-est. À cause de quoi ? Mais de l'effet Coriolis, bien sûr. De quoi vous faire tourner la tête.

48

POURQUOI LES NUAGES SONT-ILS AUSSI BEAUX ?

« Plutôt un ciel sans dieux que sans nuages[1] ! » Le nombre de raisons pour lesquelles ils sont beaux déborderait largement le cadre de ces pages s'il fallait en dresser une liste complète. Ils sont beaux quand ils sont utiles et qu'on les souhaite, mais aussi quand ils sont inquiétants. Quand ils sont blancs comme des moutons ou noirs comme des loups. Il est vrai que, parfois, ils ont tendance à exagérer, à s'échauffer à grands coups de tonnerre et d'éclairs ou à fondre en gros torrents de larmes.

1. Arno Schmidt, écrivain (1914-1979).

Mais les nuages ont le plus généralement les pieds sur terre. Ils nous protègent du rayonnement solaire, nous apportent de l'eau, nous permettent de prévoir les grandes lignes du temps, nous distraient et nous font rêver…

C'est sans doute cette qualité de flottement dans l'air, au gré des vents et des masses atmosphériques, qui les rend fascinants. Car sinon… Un nuage n'est finalement qu'une réunion d'un grand nombre de minuscules – quelques dizaines ou centièmes de millimètres de diamètre – particules d'eau et/ou de glace qui se sont condensées. Dans laquelle se glissent parfois d'autres substances, naturelles comme des cristaux de sel marin, des pollens, des grains de sable, ou issues de la pollution. Si le nuage est visible, c'est que ses particules vont servir de petits réflecteurs et diffuser la lumière solaire. Et selon son altitude, selon qu'il est éclairé directement ou non, selon sa composition, il apparaîtra plus ou moins opaque. Selon l'heure à laquelle on le regarde, il peut prendre toutes sortes de teintes. Ce qui le rend d'ailleurs si difficile à peindre. Et attention, la couleur peut être trompeuse. Exemple, des nuages foncés ne sont pas forcément porteurs de pluie. D'ailleurs, un nuage « moyen » de la taille d'un terrain de football ne contient pas plus d'eau qu'une baignoire et ne « pèse » que le poids d'un homme adulte.

On a l'impression, quand il dérive dans le ciel, qu'un nuage est une formation stable et tranquille. Il n'en est rien. Le nuage est un grand agité. En son sein, les gouttelettes et les cristaux ne cessent de se déplacer, de se former et se transformer en vapeur ou en eau et de recommencer, le tout agité par le brassage de l'air.

Isolons une minuscule particule d'eau. Disons qu'elle se trouve à la base du nuage. Donc dans des couches d'air moins froides qu'au-dessus d'elle. La gouttelette va alors s'évaporer et, prise par l'air plus chaud qui a tendance à monter, regagner le sommet du nuage. Là, comme sur l'intérieur d'une vitre en hiver ou sur un sol qui se refroidit la nuit et crée de la rosée, elle va finir par se condenser (redevenir gouttelette) dans les couches les plus froides. Et entamer une redescente. *Grosso modo.*

Car dans le détail, les températures, pressions, vitesses de déplacement des masses d'air, etc. vont sculpter les nuages selon une infinité de possibilités. Qu'il faut tout de même bien essayer de classer pour s'y retrouver. Le premier critère est la position en altitude. Celle-ci varie de 500 mètres à plus de 10 kilomètres. Les cirrus, les plus élevés, sont en forme de filaments blancs et délicats. En dessous, de 6 à 2 kilomètres d'altitude, formant une nappe uniforme et souvent grise, les nuages prennent le préfixe *alto* (stratus, cumulus). En dessous de 2 kilomètres au-dessus du sol, les noms des nuages commencent par *stratus* : ils forment des nappes allongées et plutôt homogènes. La quatrième catégorie concerne les nuages qui occupent en même temps plusieurs de ces « étages ». Ce sont les cumulus et cumulonimbus qui peuvent atteindre des tailles gigantesques en hauteur. Ce sont ceux qui présentent le plus de turbulences et de courants internes, souvent intenses. Et que les pilotes cherchent donc à éviter.

L'observation des nuages, de leur forme, de leur provenance géographique, de leur vitesse, de leur couleur peut facilement aider à prévoir le temps à venir à court terme. Mais l'observation des nuages n'aide pas qu'à savoir s'il faut ou non prendre un parapluie ou une ombrelle. C'est une fenêtre ouverte sur l'imagination et l'inconnu.

Le ciel peut revêtir les habits de la mer, ceux de champs de neige, ceux de paysages montagneux. Mais aussi et surtout, les nuages peuplent l'horizon de chevaux, de bisons, d'êtres hybrides, de visages, de messages. Ils peuvent même former des cartes de géographie, proposer des itinéraires, fixer des objectifs. Depuis des millénaires, et sans doute depuis que l'homme existe, les nuages ont été au centre de ses pensées. À défaut de ses attentions. Pourtant, il ne suffit que de lever le nez pour avoir la tête dans les nuages.

49

LA TERRE PEUT-ELLE PERDRE LE NORD ?

Non seulement la Terre peut perdre le nord, mais cela lui est déjà arrivé plusieurs fois. Si l'homme avait disposé d'une boussole il y a 800 000 ans, il aurait ainsi pu constater que notre pôle Nord était au pôle Sud et que notre pôle Sud était au pôle Nord. C'est à cette époque que s'est produite la dernière inversion magnétique des pôles en date. Mais plus on remonte dans le temps, plus on en trouve. On estime aujourd'hui que ces inversions se sont produites à raison de cinq fois en moyenne par million d'années.

Mais la route scientifique a été longue pour en arriver là. Après la découverte par les Chinois, aux alentours de l'an mille, du magnétisme de la Terre et de la boussole, cinq siècles vont s'écouler avant la première explication documentée du phénomène. C'est William Gilbert, le médecin d'Élisabeth Ire d'Angleterre, au XVIe siècle, qui montre qu'un globe uniformément aimanté peut produire un champ magnétique à deux pôles.

Faire d'un gigantesque aimant l'explication du champ magnétique terrestre perdura longtemps. Ce n'est qu'après la découverte de la pile électrique par Volta en 1800 et les premières observations des propriétés du courant électrique, qu'Ampère va en caractériser les « émanations » magnétiques. C'est donc tout naturellement qu'il propose que le champ magnétique de la Terre soit le résultat d'un ensemble de piles électriques disséminées dans la planète. Ce qui n'est pas tout à fait exact.

L'une des théories actuelles expliquant le champ magnétique terrestre estime que des courants électriques naissent dans le noyau de la planète, une partie de celui-ci étant liquide et en mouvement. L'intérieur de la Terre agirait donc comme une énorme dynamo. C'est l'invention, à la fin du XIXe siècle, du magnétomètre, appareil capable de mesurer l'intensité du champ magnétique, qui va débloquer les choses.

Puis l'Italien Melloni va découvrir que toute roche volcanique renferme sa propre aimantation. Et il fait l'hypothèse que cette aimantation a été acquise lors du refroidissement de la lave. Laquelle aurait ainsi enregistré le champ magnétique régnant à ce moment-là. La « mémoire magnétique » de la Terre était découverte. Mais il faudra attendre la mise au point par le physicien anglais Patrick Blackett d'un magnétomètre capable de mesurer des champs magnétiques très faibles pour que cette « mémoire » des roches puisse être réellement lue. On y trouve la position des pôles au cours du temps, la position du pôle Nord magnétique, qui zigzague autour du pôle Nord géographique, et l'intensité du champ magnétique. On a donc pu reconstituer une partie du « climat » magnétique de ces 600 derniers millions d'années en interrogeant les roches volcaniques.

Rayons solaires et cosmiques

D'après ce que l'on sait aujourd'hui, il n'y a apparemment pas de cycle fixe d'inversion. On estime qu'une inversion se fait sans doute en quelque 5 000 ans, mais que la polarité obtenue peut soit subsister des dizaines de millions d'années, soit osciller beaucoup plus rapidement, tous les 100 000 ans environ. Il semble aussi que l'intensité du champ puisse s'affaiblir d'un facteur 10 au cours de ces inversions, voire disparaître complètement pendant un court laps de temps.

Ce qui expliquerait, selon certains, des extinctions massives d'espèces. Car le champ magnétique de la Terre n'a pas pour seule utilité de diriger nos boussoles. Il nous protège également des rayons solaires et cosmiques particulièrement nocifs pour la vie terrestre. Sans compter qu'à l'ère de l'électronique une inversion des pôles ferait peut-être perdre la tête à bon nombre de nos ordinateurs. Une chose est sûre, il y aura encore inversion des pôles. Mais nul ne peut dire quand.

50

POURQUOI LES BANANES N'ONT-ELLES PAS DE PÉPINS ?

Comme dans de nombreux cas, tout dépend de quoi l'on parle. Ainsi, s'il pleut, on a tout intérêt à sortir son « pépin ». Et le mauvais temps peut occasionner nombre de « pépins ». Et il y a encore chaque année une poignée d'enfants, garçons ou filles, qui reçoivent le prénom de « Pépin ». Tous ces pépins n'ont bien sûr rien à voir avec ceux des fruits et légumes. Mais même en leur sein, les pépins peuvent être bien différents. Ceux des tomates n'ont pas grand-chose à voir avec ceux des raisins. Ceux des pommes ou des poires sont très différents de ceux des melons ou des courgettes.

Mais en tout cas, un pépin est une petite graine que l'on trouve le plus souvent, mais pas toujours, au centre des fruits et légumes charnus et qui, en germant, peut redonner la plante dont elle est issue. En ce sens, la banane n'a pas de pépins. Certains pensent que ses graines sont sur ou dans leur peau. Ce n'est pas le cas. Si on fend une banane dans le sens de la longueur, on pourra voir une série de petites taches noires réparties en son centre, sur toute sa longueur. Ce sont des « embryons » de graine, des ovules végétaux non fécondés. Car le bananier « domestique » est une plante qui n'a pas besoin de graines pour se reproduire. Ce n'est d'ailleurs pas un arbre mais une herbacée (qui peut atteindre neuf mètres de hauteur avec un faux tronc) dont les racines, par rejet (multiplication végétative), donneront naissance aux bananiers « fils ». Un clonage 100 % naturel qui permet à des plants stériles de se reproduire sans connaître les affres de la reproduction sexuée.

Si le bananier forme des fruits sans qu'il y ait fécondation, c'est que son patrimoine génétique comporte non pas deux, comme d'habitude, mais trois copies de leur génome. Ils ont ainsi 33 chromosomes au total (3 copies de leurs 11 chromosomes). Les bananiers sauvages, qui existent encore, sont eux diploïdes : ils ont 22 (2 × 11) chromosomes. Et se reproduisent en fécondant leurs fruits qui contiennent donc de « vrais » pépins. Les bananes sauvages sont plus petites que les domestiques et remplies de graines dures et anguleuses. On estime que les premiers bananiers « domestiqués » sont nés il y a quelque 10 000 ans en Nouvelle-Guinée puis ont progressivement « envahi » l'Asie du Sud-Est. La banane a été introduite aux Antilles à la fin du

XVe siècle, peu après leur découverte par Christophe Colomb.

D'une manière générale, la structure des fruits est déterminée par le type d'ovaire que possède la plante. S'il est « libre » et au-dessus de la base des pétales et étamines, il donnera des fruits simples comme la tomate ou le haricot vert. S'il est situé en dessous de la base des pétales et étamines, il va donner des fruits dits complexes. Soit des fruits à pépins, comme la pomme ou le melon, soit des fruits à noyau, comme les abricots et les cerises. Un dernier type de plante donnera par exemple les fraises ou les mûres. Ces dernières sont en fait de faux fruits. Les « vrais » fruits sont plus précisément les petits grains secs, appelés « akènes », disséminés à la surface de la fraise. Les akènes renferment un ovule de la plante qui, s'il est fécondé, donnera une graine et pourra alors être appelé pépin.

Une étymologie obscure

L'origine du nom *pépin* est assez obscure. Certains voudraient lui donner une étymologie grecque, mais elle reste incertaine. Le plus souvent, on admet que ce mot est issu de ce que l'on appelle un « radical expressif », en l'occurrence *pep*. Il exprime la petitesse dans les langues romanes. *Pépin* fait partie de cette famille de mots formés avec la répétition *p-p* calquée sur le mouvement des lèvres comme *pépier, papoter, pépite, pompe*…

Il y a, de manière naturelle, des fruits sans pépins (ou très peu) mais l'homme, par divers procédés, peut créer par exemple des pommes, des raisins ou des agrumes sans pépin. La clémentine, nommée au départ «mandarine sans pépin» puis rebaptisée en l'honneur de son «découvreur», le père Clément, est un croisement entre un mandarinier et un oranger à oranges douces. Le clémentinier est stérile et ne se reproduit essentiellement que par greffage, donc par la main de l'homme.

Autre action de la main de l'homme pour obtenir des fruits sans pépin, la ruse. En déposant des hormones (gibbérellines) sur les plantes et leurs ovules, on peut leur faire croire qu'elles viennent d'être fécondées. Elles se mettent alors à se transformer en fruit. Ainsi pour les grains de raisin sans pépins. Notre histoire possède beaucoup de Pépin. Le plus connu est le fils de Charles Martel et père de Charlemagne, Pépin le Bref, dont le grand-père était aussi un Pépin. Premier roi des Carolingiens, ce fut un intrépide grand roi des Francs. Mais pas par la taille. A-t-il été appelé «Pépin» car il était vraiment petit? Pourquoi «le Bref»? Aurait-on pu avoir un Pépin Bonaparte plutôt qu'un Napoléon le Grand?

51

LES HOMMES PEUVENT-ILS AVOIR LES CHEVEUX PLUS LONGS QUE LES FEMMES ?

On dit généralement qu'il y a trois types de cheveux: l'européen, l'asiatique et l'africain. Autrement dit, le frisé, le lisse et le crépu. Une récente étude scientifique menée pour le compte d'une grosse société de cosmétologie affirme, elle, que, brassage des populations obligeant, il y a en fait huit types de cheveux différents. Qui se différencient beaucoup plus par leur forme et leur épaisseur que par leur composition, le principal élément des cheveux étant, comme celui des ongles, la kératine. Ces différences d'apparence, déterminées par l'hérédité, comme la couleur des yeux par exemple, proviennent concrètement des miniusines très sophistiquées qui les fabriquent, les follicules pileux.

Des cheveux de 1,26 mètre

Nous en avons de 100 000 à 150 000 disséminés dans la peau du crâne, enfouis à quelques millimètres de la surface, qui produisent, normalement, autant de cheveux à raison de 1,3 cm par mois. En fait entre 0,7 et 2 cm par mois, le cheveu asiatique étant celui qui pousse en moyenne le plus vite, le cheveu africain poussant le moins vite. Ce qui représente, si on mettait tous ces cheveux bout à bout, plusieurs kilomètres par an pour l'ensemble de la chevelure. La durée de vie d'un cheveu masculin varie entre deux et quatre ans, celui d'une femme, entre quatre et sept ans. Ce qui veut dire qu'un homme ne pourra que rarement avoir les cheveux plus longs que ceux d'une femme. Par exemple, un homme dont les cheveux poussent de 1 cm par mois avec une durée de vie de deux ans ne pourra pas dépasser une longueur de cheveux de 24 cm. Mais une femme dont les cheveux poussent à raison de

1,5 cm par mois avec une durée de vie de sept ans pourra, en théorie, avoir des cheveux de 1,26 m.

On estime que 10 à 15 % de nos cheveux sont en permanence prêts à tomber. Ils poussent par la racine pendant des mois et des mois, puis s'arrêtent et quelques semaines plus tard tombent. Ceci se fait sous la pression d'un nouveau cheveu qui, en entamant sa pousse, chasse l'ancien. Ce processus commence dès le troisième mois après la conception, quand s'élaborent les follicules pileux. À la naissance, un nouveau-né a plus de 1 000 follicules par cm^2 de peau du crâne. Cette densité va se réduire au fil du temps, arrivant à moins de 500 entre 30 et 50 ans. Mais normalement, les follicules auront sans interruption produit des cheveux.

Pour cela, le follicule pileux est doté d'outils adéquats. C'est une sorte de sac au fond duquel se trouve la racine du cheveu formant une sorte de bulbe. Là se trouve une papille qui fait le lien entre les petits vaisseaux sanguins qui apportent oxygène et nutriments et les kératinocytes, les cellules productrices de kératine. Il y a là aussi des mélanocytes, les peintres du cheveu puisqu'ils vont lui donner sa couleur. Tout cela est ancré dans le derme, maintenu en place par les cellules conjonctives et le collagène qui s'y trouve.

Au-dessus de cette racine monte vers la surface une gaine épithéliale, sorte de tuteur de la tige pilaire et, juste sous l'épiderme, se trouve une petite glande sébacée chargée de produire du sébum, une substance grasse qui lubrifie le cheveu et protège notre épiderme. À noter que la partie visible du cheveu est en fait biologiquement morte. C'est pour cela qu'on peut les couper sans avoir mal.

Le follicule pileux est comme une fabrique de câble. La forme du câble dépend de la forme du moule dans lequel il va être conçu. Ainsi un follicule bien rond, bien allongé et perpendiculaire à la surface de la peau va former un cheveu rond et lisse. Par contre, un follicule de coupe ovale et légèrement tordu en forme de virgule va produire un cheveu plus plat et frisé. S'il est vraiment très elliptique et qu'il n'est pas du tout perpendiculaire à la surface mais plutôt comme couché sous la peau, il produira un cheveu crépu.

Adaptation au climat

Il semble que la forme du follicule, qui est une caractéristique génétique, influence la machinerie de production. Elle va modifier la répartition des différentes couches de kératine, en injectant un peu plus ici ou là. Celle-ci est alors plus épaisse d'un côté du cheveu que de l'autre. Ce qui fait que le cheveu est plus souple d'un côté que de l'autre. Et donc qu'il se courbe. D'où des cheveux ondulés ou frisés.

Certains scientifiques pensent que ces différentes chevelures résultent d'une adaptation au climat. Les cheveux crépus sont ainsi très vrillés, plutôt aplatis et émergent de la peau presque couchés. Ils ne laissent pas la moindre parcelle de peau exposée au soleil. Et le fait qu'ils poussent couchés sur la peau ne permet pas à une couche d'air de stagner et de « surchauffer » la boîte crânienne. Contrairement aux cheveux lisses qui poussent droits et permettent, eux, la présence d'une couche d'air qui fait « manteau » et protège mieux du froid.

Cela étant, diverses techniques permettent de passer d'une apparence à l'autre. À condition de ne pas souffrir d'alopécie, l'horripilante chute des cheveux.

52

POUVONS-NOUS EN CROIRE NOS YEUX ?

D'entrée, disons-le, l'œil voit tout à l'envers. Mais c'est normal. Chaque « image » qui se pose sur la rétine est inversée par rapport à la réalité. Nous avons la tête en bas dans nos yeux. Est-ce l'œil qui la remet de lui-même à l'endroit ? En dépit de toute la beauté mécanique simple du globe oculaire, il ne sait pas le faire. C'est le cerveau qui va s'y coller. Et ce sont donc le plus souvent les neurones qui vont nous jouer des tours plutôt que nos yeux qui vont nous donner des visions.

Car l'œil en bonne santé est pratiquement toujours innocent de manipulation. Pourtant, sa tâche n'est pas si simple. Il capte ce qui nous entoure et doit rendre « claire » une succession très rapide d'images inversées, minuscules et déformées. Donc envoyer le plus grand nombre possible d'informations fiables, via le nerf optique, vers le cerveau (l'œil droit vers l'hémisphère gauche et inversement). Et cette masse de données ne sera pas collectée par un seul centre visuel mais dispatchée entre une trentaine de zones corticales. L'une spécialisée dans les couleurs, une autre dans les contours, une troisième dans les mouvements… Avec de drôles de connexions.

Ainsi, des cas médicaux sont tout à fait édifiants. Tel ce patient qui, après un coma dû à un accident de voiture, lorsqu'il voyait sa mère, disait : « Elle ressemble à ma mère, mais ce n'est pas elle. » Lorsqu'il l'entendait au téléphone, par contre, il n'avait aucun doute. On pense que c'est parce qu'il avait perdu le lien entre vision et émotions, mais pas entre audition et émotions. Mais certains ne se reconnaissent même pas eux-mêmes dans un miroir et pensent spontanément qu'ils ont affaire à un imposteur. D'autres personnes peuvent souffrir du trouble de reconnaissance des visages (appelé prosopagnosie). Ils voient tout à fait normalement mais sont incapables de mettre des noms sur des visages, même s'ils sont bien connus.

En dehors de ces cas extrêmes, les illusions d'optique pour les bien-voyants sont nombreuses (et les magiciens ne s'en privent pas). Certaines très connues comme celle du dalmatien dit de Gregory : une image avec un amas de taches noires qui au premier coup d'œil n'a pas de sens. Quelques secondes d'observation permettent au cerveau d'en faire surgir un dalmatien qui flaire le sol.

Le travail du cerveau

D'autres un peu moins célèbres comme les stéréogrammes, très en vogue il y a quelques années. Ce sont des images cachées dans d'autres images. Invisible à l'œil nu, c'est le cerveau et lui seul qui va en quelques minutes extraire l'image et la reconstituer.

L'ensemble œil-cerveau semble bien pécher également par la transparence. Non par son absence ou sa revendication au sens politique devenu célèbre («glasnost»), mais par sa difficile appréciation. La perception de la brillance d'un objet est fonction de plusieurs facteurs: la quantité de lumière qu'il reçoit, la quantité de lumière qu'il reflète, la nature de cette lumière et le contexte. L'œil, là encore, n'est qu'un vecteur. La façon dont le cerveau analyse ces différents facteurs reste objet de controverse. Et le traitement des gris est très particulier. Ainsi sur une illustration, les images des objets peuvent être strictement identiques, aussi bien sur les contours que sur la texture. Pourtant, placées dans des contextes plus noir ou plus blanc, nous les voyons différemment illuminées. Ce qui permet aux chercheurs de tirer de précieux enseignements sur la façon dont le cerveau analyse les messages oculaires.

Car toutes ces expériences, en dehors de leur côté amusant, font avancer les connaissances médicales pour parvenir à traiter des déficits ou des maladies. Ces recherches sur la vision sont également suivies avec beaucoup d'attention par ceux qui travaillent sur les robots du futur. Et ils ont du pain sur la planche. Car la vue n'est pas le seul de nos cinq sens à être victime des «abracadabras» du cerveau. Le toucher, l'odorat, l'ouïe et le goût peuvent aussi tomber assez facilement dans le panneau. Que le cerveau prenne ses responsabilités.

53

AIME-T-ON VRAIMENT AVEC LE CŒUR ?

Si on a la peur au ventre ou l'estomac dans les talons, on aime de tout son cœur. Pas de toute sa tête. Cible des flèches de Cupidon, il peut néanmoins être brisé. Et il a ses raisons que la raison ne connaît pas, comme le confirment les toutes dernières recherches scientifiques. C'est lui qui règne sur l'amour, ce mot presque unique en français, puisqu'il est masculin au singulier et féminin au pluriel. Le cœur n'en est pas seulement la manifestation physique la plus « voyante », il en est un fondateur à part entière.

La question agitait déjà les bancs des facultés dans l'Antiquité. Aristote place le cœur au centre de tout, tandis que Galien, par exemple, préfère donner prééminence au cerveau. Le monde arabe célèbre, lui, le foie. Longtemps, le cœur a été synonyme de raison plus que de passion. Et ce n'est que dans la seconde moitié du XIIIe siècle qu'il entre dans l'iconographie comme siège de l'amour. Surtout d'ailleurs, au départ, de l'amour religieux. Au XVIIIe siècle, il devient véritablement le siège profane des sentiments alors que, paradoxalement, va naître la cardiologie. Et que l'amour va progressivement, au XXe siècle, se cérébraliser pour devenir une émotion entièrement créée et contrôlée par le cerveau. L'amour se réduit ainsi pour certains à une succession de réactions chimiques. Aujourd'hui, on est un peu revenu sur de « matérialisme » biologique : les connaissances les plus récentes montrent que le sentiment amoureux résulte d'une interaction complexe entre les cerveaux (le cerveau des instincts, celui des émotions et le cerveau logique) et le cœur.

D'une part, le cœur a retrouvé un peu d'« indépendance » en matière d'amour. Il n'est pas seulement le « reflet » de ce que décide le cerveau. Il dispose tout d'abord de ce que certains appellent un « petit cerveau », c'est-à-dire quelques dizaines de milliers de neurones propres capables d'influer sur le cerveau en lui transmettant des informations « internes ». Il dispose également de réserves hormonales propres. D'autre part, parce que, tout comme d'autres organes, il est en partie régi par le cerveau des instincts. Celui-ci provoque des réactions physiologiques automatiques et non raisonnées comme la peur, la colère, la joie… Il entraîne par exemple une augmentation du rythme cardiaque, du débit sanguin, une transpiration accrue, des rougeurs, etc.

Grâce aux techniques modernes d'imagerie cérébrale, on connaît mieux aujourd'hui les zones du cerveau concernées par les émotions, joie, tristesse, colère ou amour. C'est cet ensemble de zones que l'on appelle « le cerveau émotionnel ». Il est disséminé dans le cortex cérébral et dans les régions sous-corticales (comme l'amygdale ou l'hippocampe). Mais, au royaume cérébral, tout est interaction. Ce que fait le cerveau des instincts déclenche une réaction du cerveau émotionnel, le tout « couronné » par le cerveau logique.

Le « circuit de la récompense »

Ainsi, lorsque nous rencontrons une personne qui nous plaît, le cerveau des instincts s'agite et demande au cerveau des émotions ce qu'il en pense. Celui-ci cherche dans sa mémoire des situations (construite tout au long des années d'apprentissage) les souvenirs qui s'y rapportent pour voir s'ils sont bons ou non. Le cerveau logique, lui, évalue la situation sur des critères pratiques de « faisabilité ». Tout cela entraîne la libération de neuromédiateurs et d'hormones : la dopamine impliquée dans les phénomènes d'attente de récompense et de plaisir, la noradrénaline pour le stress et l'effort, la sérotonine pour la gestion du sommeil mais aussi de l'appétit ou de la sexualité, la vasopressine et l'ocytocine qui joueraient un rôle dans le phénomène de l'attachement. Le fameux coup de foudre résulterait donc, entre autres, d'un « déluge » de ces neurotransmetteurs.

Le sentiment et le désir amoureux font partie de ce que l'on appelle « le circuit de la récompense ». Une émotion déclenche un désir qui appelle un plaisir (ou une souffrance). En étudiant l'activité du cerveau de personnes à qui l'on présentait des photos d'êtres proches et aimés ou d'inconnus, les chercheurs ont eu la surprise de constater que les zones qui s'activaient quand les photos étaient celles d'êtres aimés étaient les mêmes que celles impliquées lors de la prise de drogue. Peut-être une explication au fait que l'amour peut rendre aveugle ou que l'on peut en devenir esclave. Haut les cœurs…

54

POURQUOI EST-ON DU SOIR OU DU MATIN ?

En fin de nuit, un premier réveil interne « sonne », sans qu'on l'entende, environ une heure avant que l'on ne se réveille. Il déclenche la sécrétion d'une hormone, le cortisol, qui va entraîner l'augmentation de la concentration de sucre dans le sang. Progressivement, la température du corps, sous l'effet de cet apport d'énergie, va augmenter. Le cerveau va changer de rythme. Le corps va envoyer des signaux de faim, et l'horloge alimentaire sonne à son tour. En l'absence de réveil externe, nous allons ouvrir les yeux à la fin d'un cycle de 110 minutes de sommeil, le quatrième ou cinquième de la nuit. Chaque cycle enchaîne sommeil lent léger (45 minutes), sommeil lent profond (45 minutes) et sommeil paradoxal (20 minutes). Sur une nuit de 4 cycles, nous aurons donc dormi trois heures d'un sommeil lent léger, trois heures d'un sommeil lent profond, et une heure vingt d'un sommeil paradoxal. Mais chacun sait qu'il y a de gros et de petits dormeurs. Et que l'on peut être du soir ou du matin.

Il est possible de savoir précisément à quelle catégorie on appartient en répondant au questionnaire dit de Horne et Ostberg, du nom de ceux qui l'ont mis au point (facile à trouver sur Internet). Il sert à évaluer si l'on est « matinal extrême » ou « matinal simple », « neutre », « vespéral simple » ou « vespéral extrême ». Il existe également quelques tests simplifiés dits de matinalité-vespéralité.

On estime qu'environ 15 % de la population est vraiment matinale (réveil à 6 heures du matin) et que 15 % est du soir (coucher après 1 heure du matin). Les 70 % restants naviguent entre ces deux catégories.

Être du soir ou du matin comporte de vraies différences physiologiques. Les sujets matinaux ont une vigilance, des performances psychiques, sensorielles et motrices maximales au réveil. Elles décroissent ensuite progressivement jusqu'à un nouvel endormissement. Pour les sujets vespéraux, le réveil s'accompagne d'une élévation modérée de la vigilance. Les performances augmentent ensuite tout au long du jour pour culminer dans les heures qui précèdent une nouvelle nuit de sommeil. Conséquence, un « matinal extrême » ne supportera pas longtemps un travail de nuit tandis qu'un « vespéral extrême » le recherchera.

On peut également déterminer son type en laboratoire du sommeil, en étudiant les relations entre la courbe de la température corporelle et celle de la mélatonine, l'hormone produite la nuit. Un matinal aura ses deux courbes superposables, tandis que chez quelqu'un du soir, elles seront dissociées.

Un lien possible avec le mois de naissance

Ne pas comprendre ces phénomènes empêche les scientifiques de dormir. Les contrôler pourrait permettre de mieux lutter contre les troubles du sommeil, mais aussi contre nombre d'autres pathologies, comme la dépression par exemple. Pour cela, il faut décortiquer les différentes horloges biologiques internes qui régulent nos rythmes biologiques. C'est l'objet de la science nommée chronobiologie. Toutes nos fonctions biologiques, digestives, rénales, respiratoires, nerveuses, endocriniennes, etc. obéissent à des rythmes. Ceux-ci peuvent épouser les heures de la journée, ils sont alors dits circadiens, ou suivre par exemple les saisons, ils sont alors dits infradiens.

Le rythme circadien est, chez l'homme, d'environ 25 heures, comme l'ont démontré des expériences de vie « hors du temps ». Ainsi, Michel Siffre, enfermé dans une grotte sans repère temporel, s'est spontanément « calé » sur des journées de 25 heures. Le fait que nous vivions sur un rythme de 24 heures indique donc que nos horloges internes se remettent constamment à l'heure.

Une récente étude internationale a montré que l'un des plus importants facteurs de cette remise à l'heure est « le temps solaire » local, plus que « le temps social » déterminé par les fuseaux horaires. Selon que l'on est au début du fuseau horaire ou à sa fin, bien qu'étant à la même heure, nos horloges se caleront différemment en fonction du soleil. On sait que ces horloges sont génétiquement contrôlées. Ainsi, on connaît quelques gènes qui semblent impliqués dans la vitesse à laquelle elles tournent. On a pu modifier la durée du rythme circadien chez des animaux de laboratoire, le faisant passer de 24 à 20 heures, en agissant sur un gène.

Les plus récentes études indiquent qu'être du soir ou du matin aurait également une composante génétique héréditaire. Mais de vastes études statistiques menées sur des populations adultes ont révélé un point surprenant. Ce phénomène semble influencé par le mois de naissance. La durée du jour pendant la grossesse ou la période périnatale aurait ainsi une influence importante. Les personnes du soir sont plutôt nées en mars-avril, et les matinaux sont plutôt nés en septembre-octobre. Et pour les autres, à vous de voir…

55

LES BLONDES RISQUENT-ELLES DE DISPARAÎTRE ?

La question revient régulièrement sur le devant de la scène : le gène (ou les gènes) à l'origine des cheveux blonds (ou des yeux bleus) risque-t-il un jour de disparaître ? La rumeur reprend forme à chaque fois que l'on évoque ces caractères en précisant qu'il y a des gènes « dominants » et des gènes « récessifs ». De quoi s'agit-il ?

Il faut savoir que notre génome (quelque 25 000 gènes) est présent en double exemplaire dans chacune de nos cellules. Chacune des deux copies est portée par 23 chromosomes (il y en a 46 en tout). Mis à part la paire de chromosomes qui déterminent le sexe (XX pour la femme, XY pour l'homme), les 22 autres paires sont composées de chromosomes jumeaux. Donc, chaque gène est présent en deux exemplaires. L'un d'eux vient du père, l'autre de la mère.

Prenons le gène responsable de la couleur des cheveux. Bien que déterminant la couleur dans tous les cas, il peut contenir différents messages : cheveux noirs, blonds, bruns, châtains, roux… Pour qu'une personne ait les cheveux blonds, il faut que le gène « cheveux blonds » soit présent en deux exemplaires. Donc qu'il ait été donné à la fois par le père et par la mère. Si tel n'est pas le cas, si par exemple l'un des exemplaires est « cheveux blonds » et l'autre « cheveux bruns », c'est ce dernier qui imposera la couleur. La personne sera brune.

Voilà pourquoi on parle de gène dominant. Et c'est le choix du nom de son « inverse », le terme « récessif », qui induit des ambiguïtés dans le langage courant et qui évoque le recul. D'où la tentation logique de dire qu'un gène récessif aura tendance à disparaître. En fait, ce n'est pas du tout le cas.

Comment un gène « vit-il » au sein d'une population ? Il est possible de modéliser, avec des équations, les fréquences des gènes et de leurs différentes formes, dans la population et dans sa descendance. On s'aperçoit ainsi que, très vite, des équilibres vont apparaître et se perpétuer. Ainsi, 10 % des Irlandais sont roux mais 40 % sont porteurs du gène et sont susceptibles de le transmettre. En France, 5 % de la population sont roux, 10 % blonds, 50 % châtains…

Reprenons l'exemple des cheveux blonds et des bruns et d'un père et d'une mère qui possèdent chacun un exemplaire du gène blond et un du gène brun. Ils sont tous les deux bruns, mais ont une chance sur quatre d'avoir un enfant blond et trois chances sur quatre d'avoir un enfant brun. Cela signifie que les gènes, qu'ils soient dominants ou récessifs, ont tous le même pourcentage de chance de se transmettre. Ce qui ne veut pas dire que ce couple ne pourra pas, par exemple, avoir deux enfants blonds. Mais à l'échelle de la population, statistiquement, on retrouvera, dans ce cas, trois enfants bruns pour un blond.

Un éclairage sur l'histoire humaine

La situation est bien sûr plus compliquée dans la réalité. D'une part parce que la couleur des cheveux n'est pas déterminée par un seul gène. D'autre part parce qu'il n'y a pas que deux couleurs de cheveux. Et d'une manière plus générale, un gène peut, ou non, constituer un avantage dans une situation ou dans un environnement donné. L'exemple de certaines maladies génétiques héréditaires est à ce titre révélateur.

Un exemple en est la drépanocytose, une maladie des globules rouges. Il faut avoir les deux copies du gène concerné modifiées pour être malade. Peu de sujets atteints atteignent l'âge de la reproduction. Cependant, le gène malade reste présent à une fréquence importante dans la population. C'est que les porteurs sains, ceux qui n'ont qu'une des copies du gène atteinte, résistent mieux au paludisme que le reste de la population. Cet « avantage » fait que le gène malade reste présent à des niveaux élevés (une personne sur cinq dans certaines régions d'Afrique).

Étudier la répartition des différentes formes d'un même gène éclaire également l'histoire humaine. Ainsi, l'étude des groupes sanguins (A, B et O) au niveau mondial raconte les migrations et les « fusions » de populations. Par exemple, la fréquence du gène codant pour le groupe A est supérieure de 25 % dans les populations d'Europe et de Turquie, et décroît en allant vers le Sud-Est asiatique.

Certaines populations locales affirment leur particularité à travers ces groupes sanguins. Les Islandais ont une très forte fréquence du groupe O (75 %). On l'attribue au fait que les conditions de vie très dures auraient plusieurs fois provoqué de très fortes réductions de populations, entraînant ces fluctuations aléatoires de la fréquence des groupes sanguins. Une autre particularité se trouve au Pays basque, qui présente la plus faible fréquence d'Europe du groupe B (2 %). Cela résulterait du fait que les Basques sont issus d'un mélange unique entre un pool génique provenant de populations prénéolithiques européennes et celui de populations néolithiques d'origine indo-européenne. La persistance de leur singularité est aussi un message rassurant à destination des blonds et des blondes.

56

LES RECORDS POURRONT-ILS TOUJOURS ÊTRE BATTUS ?

« Toujours plus vite, toujours plus haut, toujours plus fort. » La devise de Pierre de Coubertin pour les jeux Olympiques pourra-t-elle toujours se vérifier ? N'y a-t-il aucune limite aux records sportifs ? L'homme ou la femme pourront-ils toujours, à force de perfectionnement de l'entraînement ou de nouveautés technologiques dans les équipements, améliorer leurs performances ? Tout cela bien évidemment sans dopage. S'il est quasiment certain qu'il y aura toujours des vainqueurs et des vaincus, les records deviennent, dans certaines disciplines, très proches de limites théoriques qui sont tout « bêtement » basées sur la biologie et la biomécanique. C'est le cas en athlétisme dans les spécialités du sprint, 100 m, 200 m et 400 m, ainsi que dans celles du saut – en longueur, en hauteur ou à la perche –, mais également en haltérophilie. La situation est un peu différente pour le demi-fond, le fond ou les autres sports.

Le sprint ou le saut nécessitent un effort court, explosif. Pensez que lors d'un 100 m, l'athlète n'a pas besoin de respirer pendant les quelque dix secondes de sa course. Et que lors d'un 400 m, il peut se limiter à cinq grandes aspirations. La même explosivité est requise pour franchir une barre à plus de 2,40 m de hauteur, ou à plus de 6 m avec une perche. Ou pour atteindre 9 m en longueur. Ou pour soulever deux fois son poids. Et l'acteur principal de tous ces actes est méconnu. Pourtant, c'est un colosse musculaire. Le plus puissant présent dans nos organismes. J'ai nommé le… quadriceps.

Un moteur biologique

Situé sur le dessus de la cuisse, c'est le muscle le plus volumineux du corps humain. Il relie le haut du fémur et l'aile iliaque au genou et au tibia. Il tient son drôle de nom du fait qu'il est constitué de quatre faisceaux musculaires. Et c'est lui qui va « régler » les performances lors des efforts courts et intenses. D'où les silhouettes de certains sprinteurs ou des haltérophiles, aux cuisses très développées, très différentes de celles des coureurs de fond, beaucoup plus fins.

Un muscle est un formidable moteur biologique. Il convertit de l'énergie chimique en mouvement et en chaleur. Il est possible de mettre en équation ces dépenses d'énergie et, en fonction de leur rendement, du type et de la durée de l'effort, de calculer la performance maximale théorique atteignable.

Les jambes d'un sprinteur ne courent pas à la même vitesse au même moment. Quand un pied est au sol, il est immobile et propulse le corps en avant. L'autre pied, lui, revient vers l'avant à une vitesse double de celle du coureur. Les calculs montrent que la vitesse limite du pied se situe vers 13,5 mètres par seconde. Les meilleurs athlètes actuels atteignent autour de 12 mètres par seconde. Il y a donc là, peut-être, une petite marge de progression. Le même calcul permet également d'envisager une limite théorique à un saut en longueur. On atteint une valeur d'environ 10 mètres. Le record du monde – 8,95 m franchis par Mike Powell le 30 août 1991 à Tokyo (vingt-trois ans après les 8,90 m de Bob Beamon) – laisserait donc la possibilité d'une amélioration.

Mais d'autres facteurs que le « simple » rendement énergétique du quadriceps vont jouer. Pourquoi un kangourou dépense-t-il moins d'énergie à 30 km/h qu'à 20 km/h ? C'est qu'interviennent là les notions de ressort et d'énergie cinétique. Pouvoir, vis-à-vis du sol, agir comme un ressort permet de ne pas perdre l'énergie du mouvement. Cela revient en quelque sorte à toucher une énergie gratuite.

Le même type de savants calculs appliqués au sprint ou au saut en longueur trouvent leur limite dans le cas du saut en hauteur. Car ils indiquent que la limite théorique serait de… plus de 5 mètres. Le record du monde est détenu par le Cubain Javier Sotomayor depuis 1993 avec un bond à 2,45 m. C'est que, dans cette discipline, il faut convertir une vitesse et une énergie horizontales en vitesse et énergie inclinées par rapport au sol. Et là, il y a beaucoup de pertes.

Quoi qu'il en soit, en examinant les chronologies des records du monde, on voit bien que les progressions d'un record à l'autre s'amenuisent. Pour le 100 m, on est ainsi passé de 9'95 en 1968 à 9'77 aujourd'hui. Entre 1991 (9'90) et 1999 (9'79), le record a été amélioré de onze centièmes de seconde. Entre 1999 et 2006, le record a été amélioré de deux centièmes de seconde. Soit un ralentissement de progression de cinq fois. Mais une étude américaine de janvier 2010 estime, contrairement aux études précédentes, que la marge de progression reste importante. Ainsi si Usain Bolt court à près de 45 km/h en vitesse de pointe, ces chercheurs estiment qu'il pourrait être possible de monter jusqu'à 55 voire plus de 60 km/h. Soit près des 8 s au 100 m. Mais même cette étude reconnaît que les limites sont inévitables. Dans les records comme ailleurs. La performance restera donc encore longtemps l'occasion de se dépasser… et de tutoyer les étoiles.

57

PEUT-ON AVOIR LA BOSSE DES MATHS ?

Je n'existe pas, mais je suis visible. J'existe, mais je suis invisible. Qui suis-je ? Ce pourrait être une définition qui irait comme un gant à la fameuse « bosse des maths ». Qui n'existe pas anatomiquement parlant, mais dont certaines personnes très douées sont de toute évidence pourvues. On peut être un « boss » sans avoir de bosse. Mais il faut pour cela bosser.

Le concept de bosse des maths est né au début du XIXe siècle. Deux drôles de fées se sont penchées sur son berceau : d'une part les démonstrations ahurissantes et « magiques » des calculateurs prodiges, d'autre part les premières tentatives pour comprendre le fonctionnement du cerveau.

Côté prodige, on peut citer, en 1811, ce jeune Américain de 7 ans, Zerah Colburn, qui pouvait répondre instantanément à des questions comme

« combien y a-t-il d'heures dans 7 ans, 14 jours et 40 heures ? » : « 61 696. » « Combien y a-t-il de secondes en 25 ans ? » : « 788 400 000. » Ou ce jeune berger italien âgé de 10 ans, Vito Mangiamele, qui fut interrogé en 1837, à Paris, lors d'une séance de l'Académie des sciences. Il parvint à résoudre des opérations comme « quelle est la racine cubique de 3 796 416 ? ». En moins d'une minute, il trouva la bonne réponse, « 156 », et bien d'autres encore plus difficiles. Ce jeune Vito fut d'ailleurs au centre d'une grande bataille scientifico-médicale entre les tenants et les opposants d'une théorie appelée « phrénologie ».

Art de reconnaître les instincts, les penchants, les talents et les dispositions morales et intellectuelles des hommes et des animaux par la configuration de leur cerveau et de leur tête : tout ou presque est dit dans le titre du livre de Franz Josef Gall (1757-1828), fondateur de la phrénologie qu'il appelait d'ailleurs à l'époque « cranioscopie ». Il eut une influence très forte à Paris, car il vint s'y fixer. Et pas seulement dans les milieux médicaux, avec Broussais, Comte ou Broca, puisque Balzac, par exemple, fut « phrénologue ».

Gall eut la première idée de sa théorie en remarquant que ceux de ses étudiants qui avaient le plus de mémoire avaient les yeux les plus proéminents ! Donc l'organe de la mémoire devait se trouver derrière les yeux. Et l'idée était que, plus développée était telle ou telle capacité, plus grosse devait être la zone du cerveau où elle résidait. Il cartographia ainsi plus d'une trentaine de protubérances pour l'amitié, la ruse, la finesse, la prévoyance, l'esprit métaphysique… Il alla jusqu'à mettre au point une méthode de diagnostic par palpation du crâne…

Plusieurs zones du cerveau mobilisées simultanément

C'est aussi à cette époque que, sur les mêmes « principes », un professeur italien de médecine, Cesare Lumbroso, cherche ce que l'on pourrait appeler la « bosse de la délinquance ». À l'issue d'observations et de mesures de milliers de crânes, il va jusqu'à prétendre que certaines catégories de délinquants ont leurs propres caractéristiques anatomiques sur le crâne et le visage. Un « délit de faciès » avant l'heure.

On sait aujourd'hui que tout cela est faux et archifaux. L'idée, tout aussi fausse, qu'être doué en mathématiques est un « don » de naissance, est néanmoins encore fort répandue. Pourtant, mis à part quelques cas particuliers, toutes les études montrent que nous naissons égaux devant les maths et les autres matières. Les bébés, qui ont la notion des nombres dès leur septième mois, seront à l'aise en mathématiques si on leur en donne le goût très tôt.

Une autre idée reçue qui a du mal à disparaître est celle de la localisation unique, dans notre cerveau, de telle ou telle capacité. Ainsi, il y aurait un endroit bien précis pour le calcul, une espèce de « centre des maths ». Les plus récentes études du fonctionnement cérébral par imagerie médicale montrent le contraire. Plusieurs zones du cerveau sont mobilisées simultanément lors d'une tâche mathématique.

Plus étonnant encore, les différentes opérations de calcul ne s'effectuent pas aux mêmes endroits. Ainsi, pour une soustraction, ce sont les régions préfrontale et pariétale qui vont s'activer tandis que pour une multiplication, c'est le cortex pariétal inférieur qui va intervenir.

Tout comme existe la dyslexie, les troubles du calcul appelés « acalculie » touchent près de 5 % des enfants. L'enfant sait compter mais ne parvient pas à effectuer une addition simple. Un trouble qui peut tout à fait se soigner. Ce qui est plus difficile à réaliser chez l'adulte, à la suite le plus souvent d'accidents vasculaires cérébraux. Cela se traduit, par exemple, par une incapacité au calcul mental tout en pouvant réciter les tables de multiplication. Ou au fait de ne pas pouvoir donner la solution à 2+2 lorsque l'opération est écrite, mais le faire à l'oral. Sans que l'on sache vraiment pourquoi.

On le voit, bien des mystères restent à résoudre pour comprendre le fonctionnement du cerveau. Le dernier en date provient de l'observation en imagerie médicale, au début des années 2000, du cerveau d'un prodige du calcul mental en action. Les zones du cerveau utilisées par tout un chacun pour un calcul ne sont pas plus développées ou actives chez le prodige. Ce qui le distingue des autres est qu'il fait appel à des zones cérébrales différentes du commun des mortels. En particulier celles qui concernent la mémoire à long terme. Pourquoi ? Je ne me souviens plus…

58

LE PÈRE NOËL EXISTE-T-IL VRAIMENT ?

Au lendemain de Noël, chaque année, des millions d'enfants attestent solennellement que le père Noël existe bel et bien. Eh bien, à tous ces enfants enchantés par cette date pas comme les autres, je puis assurer qu'en dépit de ce que les grandes personnes peuvent raconter, le père Noël est, en plus, un génie. C'est scientifiquement prouvé. Même si cela reste un peu discuté.

Car ses exploits relèguent nos avions et fusées au rayon des articles moyenâgeux. Plusieurs études très sérieuses ont tenté de calculer le trajet que doit effectuer le père Noël pour déposer des cadeaux dans tous les foyers. Deux hypothèses sont envisagées. Soit il passe dans tous les foyers de la planète, soit il ne va que chez ceux qui célèbrent Noël.

Dans la première hypothèse, envisagée par une étude suédoise, il doit se rendre chez un nombre d'enfants compris entre 2 et 2,5 milliards. Donc faire autant d'arrêts. L'étude donne au père Noël quarante-huit heures, les 24 et 25 décembre, pour sa distribution. La densité moyenne de la population mondiale est (était) de 48 habitants par kilomètre carré. À ce compte-là, chaque domicile est séparé du suivant d'une vingtaine de mètres. Pour réaliser son exploit, le père Noël doit voyager à 5 800 kilomètres par seconde (km/s) et dispose de 34 microsecondes pour chaque arrêt. Une vitesse de déplacement qui est égale à 17000 fois la vitesse du son dans l'air.

On devrait donc entendre, à Noël, des « bangs » supersoniques ininterrompus. Eh bien non, car le père Noël a trouvé le moyen de les « transposer » dans l'espace, loin de la Terre, sans qu'ils soient audibles. Mais ce moyen, il le garde jalousement secret. Sans cela, ce ne serait pas le père Noël.

Dans la deuxième hypothèse, les enfants de familles dont la religion ne célèbre pas Noël ne sont pas « desservis » par le père Noël. Ce qui laisse quelque 375 millions d'enfants à livrer (le nombre ci-devant est une estimation. Peut-être plus, peut-être moins. J'ose espérer que vous ne me demanderez pas d'éléments plus précis). Dans cette hypothèse, le père Noël, voyageant d'est en ouest, pour suivre la rotation de la Terre et la course du Soleil, n'a que la nuit du 24 au 25 pour effectuer sa mission. En fait, on lui laisse trente et une heures. Sans oublier qu'une grande partie du monde chrétien orthodoxe célèbre Noël dans le calendrier julien (et non comme en France dans le grégorien), donc le 6 janvier. Le père Noël peut ainsi étaler un peu ses livraisons. Quoi qu'il en soit, il a environ un millième de seconde pour chaque arrêt – sauter hors du traîneau, prendre les cadeaux, descendre par la cheminée, les disposer sous le sapin, remonter – et il devra parcourir près de 110 millions de kilomètres environ. Dans cette hypothèse, il doit voyager à un peu plus de 1 000 km/s, soit 3 000 fois la vitesse du son dans l'air. Même dans cette hypothèse, il reste capable de faire disparaître les bangs supersoniques.

Localisation et embonpoint

Cela explique aussi pourquoi il reste inobservable et inatteignable, même par les avions de chasse les plus perfectionnés. Et comme aucun État n'aime à reconnaître qu'il est totalement surclassé, il vaut mieux faire croire que le père Noël n'existe pas. Car ses performances révèlent qu'il dispose d'un traîneau subluminique, qu'il est capable de téléportation (pour aller aussi vite de son traîneau au sapin) et qu'il a créé des… rennes transgéniques. Aucun renne « classique » ne peut en effet dépasser les 30 km/h. Et le renne est limité en poids de traction. Car les cadeaux amassés dans le traîneau se comptent en centaines de milliers de tonnes.

Une autre question se pose. Ou plutôt deux autres. Celle de la localisation du QG du père Noël et celle de son embonpoint. On a longtemps situé son repaire vers le pôle Nord. La ville de Rovaniemi, en Laponie finlandaise, à la limite du cercle polaire, se revendique comme la plus proche du centre secret du père Noël. Mais une étude, fondée sur l'endroit géographiquement le plus approprié pour la grande tournée de Noël, situe la maison du père Noël au… Kirghizstan, une république ex-soviétique d'Asie centrale. Ce que les Kirghiz, chez qui le père Noël s'appelle « Grand-Père Gel » et s'habille en bleu, ont été ravis d'apprendre.

De leur côté, les enfants espagnols, sollicités par sondage, ont estimé que le père Noël avait quelques kilos en trop et qu'un régime lui serait profitable. Mais ce qu'ils ne savent pas, c'est que cette apparence de vieillard enveloppé à la grande barbe blanche dans son costume rouge cache sans doute des équipements spéciaux nécessaires à ses performances. Réchauffement climatique aidant, on devrait bientôt pouvoir les voir puisque le père Noël devra peut-être adopter le short et remplacer ses rennes par… des chameaux.

59

POURQUOI LE CŒUR EST-IL À GAUCHE ?

Il sera ici, bien évidemment, question de politique. Mais uniquement de celle que conduit la vie pour construire, à partir d'une cellule unique, un être complexe qui connaît le haut, le bas, l'avant, l'arrière et, surtout, la droite et la gauche.

Cela aboutit, pour le genre humain, à avoir deux yeux, deux oreilles, deux bras, deux jambes, deux poumons et deux hémisphères cérébraux… Mais la vie ne semble pas tout le temps voir double : une bouche, un nez, un cœur, un foie, un estomac… Et elle ne voit pas tout le temps symétrique : le cœur est, normalement, situé légèrement à gauche dans la cage thoracique tandis que le foie est à droite.

Il faut savoir qu'au royaume des organes, c'est le « gouvernement » des gènes qui est chargé de tout organiser du mieux possible. Ce sont eux qui vont assigner les positions et les fonctions des différents groupes de cellules lors du développement embryonnaire. Ils sont à la fois architecte et éducateur. Ils vont, entre autres, « apprendre » aux différents organes à distinguer leur droite de leur gauche. C'est ce que l'on appelle le phénomène de latéralisation. Et pour les organes de l'abdomen et du thorax, seule cette asymétrie droite-gauche permet une organisation harmonieuse.

Certains gènes entraînent des inversions. On le sait essentiellement à cause des « erreurs » que les gènes commettent parfois. Qui entraînent des inversions complètes ou partielles de positionnement d'organes (1 personne touchée sur 5 000 ou 10 000).

Les gènes responsables

Il arrive ainsi que certaines personnes aient le cœur situé à droite. Ce qui ne va pas, souvent, sans problèmes. Quoi qu'il en soit, les chercheurs ont trouvé certains gènes qui sont responsables de ce mauvais positionnement. Et ont pu reproduire expérimentalement, sur des modèles animaux, ces anomalies.

Un embryon se construit en trois dimensions. Ses trois axes de développement sont celui des pieds à la tête, celui ventre-dos et le droite-gauche. Une équipe de chercheurs français a récemment caractérisé chez la mouche drosophile un gène qui entraîne une perturbation de ce troisième axe conduisant à une inversion complète droite-gauche. Il semble qu'il existe un gène équivalent chez l'homme. Le connaître permettra peut-être de mieux diagnostiquer et traiter les malformations et anomalies découlant d'un défaut d'asymétrie droite-gauche.

Cette asymétrie apparaît après plusieurs semaines de développement embryonnaire. L'embryon, jusqu'alors totalement symétrique, va « découvrir » sa droite et sa gauche. Une étape clé nommée « brisure de symétrie », dont seraient responsables certains gènes. Le cœur, qui est au départ un simple tube (semblable à un cœur de poisson), va se cloisonner en deux chambres (comme un cœur de grenouille), puis en trois chambres – deux oreillettes et un ventricule – (comme un cœur de serpent ou de tortue), enfin en quatre. Le cœur embryonnaire occupe neuf fois plus de place dans le fœtus qu'il n'en occupera chez le nouveau-né. Là, il aura la taille du poing fermé du bébé. Il grandira d'ailleurs comme ce poing et, adulte, aura encore la taille du poing fermé de l'adulte (pour un poids de 300 à 400 g).

Ce cœur en renferme en fait deux. Plus que sa position dans la cage thoracique, c'est là la vraie importance de l'asymétrie droite-gauche. Le demi-cœur droit (une oreillette et un ventricule), dit pulmonaire, est spécialisé dans l'envoi du sang « pauvre » dans les poumons, et le demi-gauche (plus gros que le droit) recueille le sang oxygéné sortant des poumons et le propulse dans tout l'organisme. C'est sans doute cette bifonctionnalité du cœur qui entraîne, mécaniquement, son décalage de position. Et aussi le fait que l'ossature de la cage thoracique, sternum et côtes, rend impossible qu'il soit centré. Qu'il soit légèrement à gauche fait d'ailleurs que le poumon gauche n'a que deux lobes contre trois pour le droit. Si tout était inversé, position du cœur, fonctionnalité des demi-cœurs, poumons, etc., l'ensemble pourrait parfaitement fonctionner. Le problème est que les inversions sont rarement complètes.

Certains pensent que la position du cœur a entraîné bien d'autres conséquences. Ainsi, le fait que la grande majorité des humains soient droitiers s'expliquerait par le fait que, historiquement, nous aurions plus tendance à utiliser spontanément notre bras gauche, le plus proche, pour protéger notre cœur (avec un bouclier). Et que, par voie de conséquence, le droit serait plus « libre » pour effectuer d'autres tâches (porter une épée ?). Dans le même ordre d'idées, on a remarqué que l'on porte un bébé plus souvent en le mettant sur son thorax gauche, que l'on soit droitier ou gaucher. Pour qu'il soit plus près de notre cœur et de ses battements.

Est-ce parce que le cœur (que l'on appelait aussi siège des émotions) est à gauche que l'hémisphère droit (plus concerné par la partie gauche du corps) est celui de l'intuition et de l'affectivité tandis que l'hémisphère gauche est celui du langage et de la logique ? Cela semble difficile à démontrer. D'autant que, chacun le sait, le cœur a encore et toujours des raisons que la raison ne connaît pas.

60

LES TACHES DE ROUSSEUR SONT-ELLES L'APANAGE DES ROUX ?

Certaines personnes en raffolent, d'autres les exècrent. Certaines voudraient s'en débarrasser, d'autres se désespèrent de ne pas en avoir. Les taches de rousseur sont parfois synonymes de beauté, parfois symboles de malédiction. Elles sont signes de peaux qui ne bronzent pas, ou mal, mais ne restent pas insensibles au soleil.

Nombreuses en été, elles se font fantômes en hiver. Et si les porteurs et porteuses de taches de rousseur sont essentiellement roux et rousses, elles ne refusent pas d'apparaître chez les blonds et même chez les bruns. C'est qu'elles sont génétiquement déterminées et, combinaisons de gènes aidant, peuvent « décorer » le visage, les bras et le torse de presque n'importe qui.

Le phénomène physique de la tache de rousseur, aussi nommée éphélide (de *epi*, « à cause de », *et hêlios*, « soleil »), est simple à comprendre dès que l'on sait que la fameuse mélanine, responsable entre autre de la coloration de la peau et du bronzage, peut être présente sous deux formes. L'une, appelée « eumélanine », se présente sous la forme de microscopiques grains de riz dont la couleur va du brun rouge au noir foncé. Elle protège des rayons solaires en les absorbant (près de 70 % à 80 % sont ainsi neutralisés).

L'autre est appelée « phaéomélanine ». Elle a une forme (au microscope) moins précise et se présente sous forme de taches diffuses. Sa couleur va du jaune au rouge. Elle est moins résistante aux rayons solaires que l'eumélanine, et les produits de sa dégradation peuvent même être toxiques pour les cellules.

Dans la grande majorité des cas, les deux formes sont présentes. Et les couleurs se déclinent selon la proportion de chacun des deux pigments, aussi bien en termes de qualité que de quantité, proportion déterminée par le patrimoine génétique de chacun. La palette du « peintre » va donc du blond le plus clair au noir le plus profond avec une quasi-infinité de teintes. Quelqu'un avec les cheveux noirs ou bruns aura beaucoup d'eumélanine, tandis qu'une personne aux cheveux blonds ou roux aura majoritairement de la phaéomélanine. Les deux mélanines interviennent également dans la couleur des cheveux, des poils et dans celle des yeux. Elle est aussi à l'origine de certaines des couleurs de la plupart des insectes, (papillons, coccinelles), des araignées, des plumes des oiseaux, des poils des mammifères. L'absence de mélanine produit l'albinisme. Quel talent…

Un indicateur du type de peau

La tache de rousseur est l'un des indicateurs importants du type de peau que l'on possède. Et donc de la façon dont elle va réagir au soleil. On distingue de ce point de vue six catégories d'épidermes.

Le phototype 1 est celui d'une peau très claire, associée à des cheveux blancs (albinos) ou roux et à des taches de rousseur qui apparaissent très vite en cas d'exposition. Le phototype 2 a une peau très claire sur laquelle apparaissent des taches de rousseur sous l'effet du soleil, des cheveux blonds ou châtain clair. Il est vivement recommandé aux possesseurs de ces deux premiers types de peau de ne pas chercher à bronzer et de se protéger par tous les moyens (ombre, vêtements, écrans totaux…).

Le phototype 3 lui bronze facilement en dépit de ses cheveux blonds ou châtains et de sa peau claire qui peut présenter quelques taches de rousseur. Les phototypes 4, 5 et 6 (peaux mate à noire) n'ont pas, eux, de taches de rousseur.

Les taches de rousseur présentent un grand intérêt aux yeux des chercheurs. Toutes les études montrent en effet que l'incidence des cancers cutanés dépend du type de peau et que le risque est le plus grand pour les peaux claires ne bronzant pas, risque qui augmente avec l'ensoleillement.

Gènes de la rousseur

L'étude fine des gènes impliqués dans la production des mélanines, situés dit-on sur le chromosome 16, permet de mieux comprendre l'apparition des cancers et, à terme, d'établir des échelles de prédisposition aux cancers de la peau. Mais on sait aussi que ces derniers ne sont pas seulement liés au phénotype cutané, pigmenté ou non. Il n'y a pas de fatalité en ce domaine. Même si chacun sait que l'Australie, terre très ensoleillée d'accueil de migrants européens, détient des taux de cancer de la peau records depuis quelques années.

L'ensemble des gènes de la rousseur, apparus il y a 50 000 ou 100 000 ans estime-t-on, est aussi appelé « gène celtique » car son occurrence est particulièrement importante en Europe occidentale et septentrionale. L'Écosse est ainsi le pays qui détient le plus fort taux de rousseur au monde avec 13 % de la population (sans compter les 40 % qui sont porteurs du gène sans être roux). L'Irlande vient en seconde place avec une proportion de 10 % de la population rousse et un taux de porteurs du gène équivalent (40 %). En France, le taux de personnes aux cheveux roux est d'environ 5 %. Comme pour les cheveux blonds. On peut donc estimer que le taux de personnes porteuses de taches de rousseur est sans doute d'au moins 10 %. Et que ceux-ci se rassurent : la tache de rousseur a aujourd'hui beaucoup plus la cote que le mal nommé grain de beauté.

61

POURQUOI LES COQS CHANTENT-ILS SI FORT LE MATIN ?

C'est l'une des « joies » de la vie à la campagne quand on habite près d'un poulailler : être réveillé dès les premières lueurs du jour par le puissant « cocorico » du coq. Pourquoi ces volatiles s'obstinent-ils donc à se déchaîner dès potron-minet ? C'est que le coq rêve d'être aux oiseaux de basse-cour ce que le lion est aux animaux de la jungle. Il veut être le roi. Dès que l'aube pointe, il se réveille et, au mieux de sa forme, n'a de cesse de rappeler à qui veut l'entendre, et même à ceux qui ne le veulent pas, qu'il est le « boss » des lieux. Bien sûr, son message est surtout destiné à ceux qui voudraient être coq à la place du coq mais aussi à ses « ouailles », histoire de leur rappeler qui est le maître. D'ailleurs, on dit qu'un poussin pépie ou piaille (ce qui est tout petit voire ridicule), qu'une poule caquette (ce qui est presque péjoratif) mais qu'un coq chante.

Toutes les langues n'ont pas tout à fait la même traduction de ses « paroles ». Ainsi, on dit cock-a-doodle-doo en anglais, quiquiriqui en espagnol, kikeriki en allemand, kokekoko en japonais ou coucarékou en russe.

Si les poules n'ont pas besoin du coq pour pondre des œufs, ce dernier leur est néanmoins indispensable pour mettre au monde des poussins. Les Français ont fait du « coq gaulois » leur symbole national, ce qui ne l'empêche pas d'être un grand sujet de querelle de voisinage. Il possède même un chapitre qui lui est dédié dans un manuel juridique sur les nuisances sonores destiné aux maires. C'est qu'il a été au centre de beaucoup de procès. Qui ont parfois débouché sur des mesures d'« éloignement » mais aussi de « passage à la casserole » pour un bon coq au vin.

Le coq n'est pas le seul volatile à chanter aux premiers rayons du soleil. Les passereaux, appelés en anglais *songbirds*, ou « oiseaux chanteurs » (près de 6 000 espèces), ne sont pas en reste, aussi bien les mâles que les femelles. Ce n'est pas pour rien, par exemple, que la pie est qualifiée de « bavarde ». D'autant qu'elle affectionne de créer des dortoirs, réunissant plus d'une dizaine d'individus, où les « batailles de polochons » sont légion et le niveau sonore élevé au réveil.

Un réveille-matin naturel

Tous ces oiseaux produisent un premier pic sonore en tout début de journée et un dernier à la tombée de la nuit avec un petit creux en cours de journée. Le coq a été, pendant des siècles, un réveille-matin naturel. Mais il pousse ses « cocoricos » toute la journée. Noblesse oblige. Mais on l'« entend » beaucoup moins dans la journée ou même le soir.

Pourtant il produit pratiquement le même nombre de décibels (dB) qu'à l'aube (entre 50 et 60 dB). Un peu moins qu'un camion qui passe (70 dB) ou qu'un aspirateur (entre 65 et 75 dB). Et même dans une campagne sans oiseaux, le silence n'existe pas. Un certain bruit de fond est toujours présent. Ainsi, dans une chambre à coucher « silencieuse », le niveau sonore est autour de 30 dB (hors ronflements !). Pour qu'un bruit soit gênant en phase nocturne, il suffit qu'il dépasse d'une dizaine de décibels ce bruit de fond. Le chant du coq va presque le doubler, à un moment où le silence est le plus profond. Le « cocorico » est donc perçu comme un « coup de trompette ».

Le « cri » du coq est produit, comme chez les autres oiseaux, par un organe appelé « syrinx », une structure cartilagineuse de la trachée possédant deux cavités. Elle est associée à une poche d'air qui est source de « souffle » et caisse de résonance. Un peu comme une cornemuse ou plus simplement comme un ballon de baudruche dont on pince plus ou moins l'embout pour produire des sons.

Certains oiseaux ne chantent pratiquement pas, mais d'autres préfèrent souvent exprimer leur talent vocal la nuit. Ainsi en est-il des rossignols (Shakespeare le met en lumière dans *Roméo et Juliette*) mais aussi de certaines alouettes, de fauvettes, du rouge-gorge ou du merle. C'est sans doute à cause du coq : au lever du jour, le monarque de la basse-cour les couvrirait tous. N'est pas coq qui veut.

62

COMMENT SE DIRIGENT LES PIGEONS VOYAGEURS ?

De Noé qui, après le Déluge, alors que les eaux recouvraient encore la Terre, lâcha une colombe qui revint à l'arche avec un rameau d'olivier, à Félix Potin, qui dota en 1866 ses succursales de pigeons voyageurs pour envoyer les bordereaux de commandes, en passant par les messagers ailés de toutes les guerres, le pigeon voyageur est omniprésent dans l'histoire humaine. C'est que ces animaux ne perdent que rarement le nord à tel point qu'ils semblent avoir une boussole dans la tête. Ils sont sans doute emblématiques de la capacité du vivant à « voir » le champ magnétique terrestre. Il est établi que certaines bactéries, certaines plantes et certains animaux le perçoivent et s'en servent. Pourtant, ce n'est pas le seul système de navigation que les pigeons emploient pour leurs migrations. Leur « GPS » comprend des éléments leur permettant de s'orienter le jour mais aussi la nuit, par beau temps, par temps couvert ou dans le brouillard.

La perception de l'orientation du champ magnétique terrestre est un de ces éléments. On le sait de plusieurs façons. De façon indirecte en perturbant ce sixième sens : on place des aimants sur le dos des pigeons et ceux-ci perdent leur sens de l'orientation. De façon plus directe en examinant leur cerveau. On a ainsi découvert des amas de particules magnétiques à la base de la boîte crânienne des oiseaux, concentrés dans un tissu de 1 × 2 mm. Ces particules, qui se sont révélées être des cristaux de magnétite, sont environ au nombre de 10 millions. Ils se situent dans des zones de tissus richement innervées en relation d'ailleurs avec le sens de l'olfaction. Chaque grain de magnétite agit comme un minuscule aimant. Le cerveau des pigeons serait ainsi capable de conserver la mémoire de leur orientation.

Revenons à l'expérience où l'on perturbe par des aimants les oiseaux. En fait, ils restent capables de revenir à leur pigeonnier de jour, par beau temps, mais pas de nuit. Ce sont des recherches menées sur les plantes qui peuvent éclairer ce phénomène. Il a été montré que le développement des plantes était sensible aux champs magnétiques. Et ce par l'intermédiaire de pigments récepteurs de lumière bleue baptisés cryptochromes. Or on retrouve ces cryptochromes dans la rétine des pigeons et des oiseaux migrateurs en particulier. Ils pourraient participer au processus de reconnaissance du nord et du sud. Le petit tissu magnétique donnerait lui des informations à l'animal sur l'intensité du champ magnétique.

Ces oiseaux « lisent » le ciel

Autre élément du GPS des migrateurs, la reconnaissance de la position et de la hauteur du Soleil dans le ciel et même des étoiles. Des expériences menées en planétarium, où l'on peut « déplacer » l'axe nord-sud, ont démontré que les oiseaux « lisaient » le ciel. Ils peuvent également se baser sur des repères visuels au sol. Pour être sûr que ce n'était pas leur seul « outil », on a fait voler des oiseaux affublés de lunettes aux verres déformants. Ils ont tout de même retrouvé leur chemin.

Dernier élément de leur système de navigation, plus surprenant, leur odorat. Des chercheurs italiens et néo-zélandais ont décidé d'utiliser des pigeons qui n'avaient subi aucun entraînement. La moitié des pigeons se sont vu sectionner le nerf olfactif, les privant ainsi du sens de l'odorat, l'autre le nerf trijumeau, auquel on attribue la sensibilité au magnétisme. Puis ils ont été transportés à 50 kilomètres de leur pigeonnier. Le résultat a été surprenant. La majorité des pigeons privés de l'odorat s'est perdue tandis que la quasi-totalité de ceux privés de leur sens magnétique est rentrée rapidement. On pense donc qu'ils peuvent dresser et retenir des « cartes olfactives » des endroits qu'ils traversent.

Les pigeons voyageurs ne sont pas les seuls animaux à posséder de tels systèmes sophistiqués de navigation. Tous les oiseaux migrateurs, les abeilles, les dauphins, les baleines, les tortues de mer et même certaines bactéries sont capables de s'orienter grâce au champ magnétique terrestre. Ainsi, les microorganismes baptisés *Magnetospirillum magnetotacticum* sont pourvus de cristaux de magnétite. Et cette bactérie, pourvue de flagelles (des sortes de petites hélices), peut orienter ses déplacements suivant les lignes du champ magnétique.

Selon les animaux, l'élément prépondérant du système de navigation varie. Chez le saumon par exemple, l'odorat, très développé, leur permettrait de sentir leur rivière natale. Mais ils sont également sensibles au champ magnétique terrestre et peuvent voir la lumière polarisée, ce qui leur donne une information supplémentaire pour se rappeler le chemin suivi pour aller aux aires de nutrition et suivre le même chemin pour revenir aux aires de reproduction. *Quid* de l'homme ? Il y aurait beaucoup à dire. D'autant que nous disposons du GPS satellitaire.

63

FAUT-IL FERMER LES ZOOS ?

Il y a les quatre étoiles avec piscine, Jacuzzi, espaces de jeu et de détente. Et il y a les auberges de campagne au charme simple et désuet. La France compte près de 150 parcs animaliers, zoos ou aquariums. Ils vont de quelques hectares à quelques centaines d'hectares. Plusieurs dizaines de milliers d'animaux en captivité vivent ou survivent dans ces centres, représentant plusieurs centaines d'espèces différentes, originaires de toute la planète. Certains zoos permettent à leurs pensionnaires de vivre en semi-liberté dans de vastes espaces tandis que d'autres ne peuvent leur offrir que des enclos, voire des cages. Certains peuvent se permettre de concocter les « petits plats » préférés des locataires, d'autres non. Certains ont des services scientifiques chargés de l'étude des animaux, de recherche sur leur physiologie et leur reproduction, d'autres non. Il y a donc zoo et zoo.

De plus, au-delà de ces aspects matériels, il y a des « philosophies » différentes. Un zoo n'était, il y a trente à quarante ans, qu'un but de promenade du dimanche, un lieu de divertissement et d'émerveillement. Puis, au fur et à mesure que la question de la disparition des espèces venait sur le devant de la scène, les grands zoos, comme par exemple celui de San Diego, en Californie, faisaient de la préservation d'espèces menacées d'extinction leur priorité. Le zoo « arche de Noé » était devenu outil de compréhension et de préservation de la nature sauvage. Avec quelques belles, mais trop rares, réussites de sauvegarde et de réintroduction d'espèces dans leur milieu naturel, comme le cheval de Przewalski, l'oryx d'Arabie, le cerf du père David, le gypaète barbu…

Les parcs animaliers deviennent plus encore que par le passé des outils pédagogiques de communication scientifique sur la biodiversité et sa nécessaire sauvegarde, sur les équilibres écologiques, sur la protection des écosystèmes et habitats naturels. Et l'on sait l'importance de cette approche animale pour, par exemple, les enfants. Les zoos les plus modernes conservent ces objectifs mais centrent maintenant leurs efforts sur le confort des animaux.

Car c'est bien là que le bât blesse pour ceux qui réclament l'abolition des zoos, estimant qu'ils ne sont que des lieux de souffrance animale. Tous les beaux discours autour des aspects pédagogiques et conservatoires ne sont pour ces défenseurs des animaux que des « cache-misère » et les zoos restent des prisons. Quels sont leurs arguments ? L'un est historique et il est sans doute moins vrai aujourd'hui. Autrefois, pour approvisionner en animaux les zoos-spectacles, les traqueurs ou braconniers décimaient des troupeaux entiers. Certains estiment ainsi que pour un primate qui arrivait dans un zoo européen, dix de ses semblables étaient morts, soit pendant leur capture, soit pendant le transport. Les choses sont heureusement différentes aujourd'hui, même si les trafics d'animaux exotiques perdurent.

« Banque génétique »

A contrario, le fait de pouvoir obtenir la reproduction de gorilles, par exemple, en captivité, n'a pas empêché le massacre d'une partie des derniers « vrais » gorilles vivant en liberté en Afrique, victimes des conflits entre humains. Et même dans les établissements les plus huppés, disent-ils, l'animal en captivité n'a rien à voir avec l'animal dans son milieu naturel. Ce qui fait que nombre d'animaux s'ennuient. Et que leur comportement change. Qu'ils se laissent aller et « dépriment ». Jusqu'à mourir d'ennui pour certains d'entre eux. Le fait de vivre dans des espaces réduits sous des climats différents altère leur culture, leur façon de vivre, les relations entre eux… Pour ces anti-zoos, la vraie finalité de ces « pénitenciers » pour animaux est économique, voire mercantile : créer des emplois et générer des profits.

De plus, les zoos serviraient de « banque génétique » pour la création d'une descendance ou même de clones destinés à la survie des… zoos. Ils dénoncent également le discours sur la préservation des espèces, montrant le peu de réussites des réintroductions d'espèces.

Mais déjà de nouvelles « philosophies » des parcs animaliers se sont fait jour. Ainsi, on parle aujourd'hui plus de « réserve de populations captives » chargée de leur élevage à fin de préservation que de zoos (le mot n'a plus la cote). Et ce, selon une recommandation de l'Union internationale pour la préservation de la nature. L'original de la démarche est que ces éleveurs devront travailler avec les personnes chargées de programme *in situ*, c'est-à-dire sur les lieux mêmes des sites naturels. L'objectif à terme étant de restaurer des biotopes d'origine et d'y replacer les colonies d'élevage. On peut toujours rêver…

64

COMMENT PEUT-ON MARCHER SUR L'EAU ?

Mis à part sur de l'eau gelée, il faut bien reconnaître qu'il sera toujours extrêmement difficile à l'homme de marcher sur l'eau. Nous devrons donc continuer à nous évertuer à flotter à défaut d'être divin. Mais certains animaux sont équipés pour marcher et même courir sur l'eau. Il s'agit bien évidemment d'insectes (80 % des espèces animales). Leurs six pattes et leur légèreté constituent un atout important pour réaliser ces prouesses aquatiques. Mais l'élément déterminant n'est pas là. La clé est constituée par l'eau elle-même et par sa « tension superficielle ».

Un concept facile à comprendre. Au sein de l'eau, toutes les molécules sont entourées par leurs congénères. Mais à la surface, à l'interface entre l'eau et l'air, les molécules d'eau ne sont entourées d'autres molécules d'eau que sur le côté et en dessous. Elles vont donc pouvoir mettre un peu plus d'énergie dans le plan horizontal qu'ailleurs : elles se serrent les coudes. La cohésion entre molécules d'eau y est donc plus forte. Il se forme en fait comme une mince pellicule, une fine peau à la surface de l'eau, légèrement plus résistante que le reste du liquide.

C'est ainsi que l'on peut faire flotter une aiguille ou un trombone à la surface de l'eau. Tout un chacun connaît l'expérience consistant à déposer un bout de papier sur l'eau, d'y ajouter (rapidement) une aiguille. Lorsque le papier est suffisamment imbibé, il coule alors que l'aiguille, grâce à la tension superficielle de la surface de l'eau, va rester en surface. C'est pour la même raison que la surface d'un verre d'eau complètement rempli est un peu bombée : la tension superficielle permet aux molécules d'eau, vers le centre du verre, de monter plus haut que les bords.

Substances hydrophobes

C'est sur cette peau un peu plus résistante que l'insecte va venir poser ses six pattes, répartissant ainsi parfaitement son poids plume. Cerise sur le gâteau, certains sécrètent au bout des pattes une substance qui s'apparente aux huiles ou aux graisses. Ces substances sont dites « hydrophobes » car elles « repoussent » l'eau. L'insecte s'appuie donc sur la surface de l'eau que d'ailleurs, il déforme un petit peu en creux, mais sans la rompre. En passant, il suffit de répandre un peu de détergent (comme de l'eau savonneuse) pour annihiler la tension superficielle de l'eau : même les plus talentueux des insectes n'y peuvent alors plus rien et… coulent. De l'autre côté du miroir, sous la surface, c'est cette même tension superficielle qui permet aux larves d'insectes ou de libellules de rester immergées mais à fleur de surface. Une sorte de tuba est ainsi maintenu en contact avec l'air tandis que le corps de la larve est lui sous l'eau pendant toute la durée de sa vie aquatique.

L'un des insectes marchant sur l'eau les plus connus est le gerris. Aussi appelé punaise aquatique, carnivore, il se poste à la surface de l'eau et attend de détecter les vibrations causées par la chute d'un autre insecte, mouche ou moustique, dans l'eau. Il se déplace alors, à raison de 5 cm/s, vers sa proie et l'empale avec un tube creux, comme une paille, pour aspirer le contenu de sa victime. Les pattes du gerris possèdent des milliers de poils très fins et très denses, longs de 50 millièmes de millimètres qui accroissent sensiblement leur surface en contact avec l'eau et les rendent capables de supporter chacune 15 fois le poids de l'insecte (entre 10 et 20 grammes).

Il a servi de modèle à plusieurs laboratoires de par le monde pour le développement de petits robots capables de marcher sur l'eau. Et ça marche. Ou plutôt ça glisse. Car à cette occasion, le mode de déplacement de l'insecte a été étudié. Il semble bien qu'il ne marche pas vraiment en déplaçant alternativement ses pattes mais en créant des vibrations ou de petits vortex dans l'eau, ces « courants » lui permettant de se déplacer. Ce sont les deux pattes médianes qui effectuent ce travail, les paires antérieures et postérieures étant les « patins à glace ».

Autre performance des insectes, leur capacité à marcher au plafond. Ainsi, chez la mouche, chacune des six pattes possède en son extrémité deux coussinets recouverts de centaines de minuscules petits poils de soie flexibles ainsi que deux crochets.

Effet ventouse

Mais ce n'est pas tout. Deux précautions valant mieux qu'une, la mouche dispose d'une véritable substance adhésive. Elle est sécrétée par les poils situés sur le pourtour des coussinets. Il se crée alors comme un joint qui entraîne un effet ventouse. La mouche peut tranquillement rester au plafond.

Elle croisera peut-être (malheureusement pour elle) sur sa route le roi de la grimpe et de l'adhésion, un lézard tropical nommé gecko. Ses pattes sont couvertes de millions de poils microscopiques si fins qu'ils sont en mesure de réagir aux « liaisons de Van der Waals », une force qui attire les atomes ou les molécules entre eux. Ce phénomène permettra peut-être de développer de nouveaux adhésifs à l'exemple du Velcro, inventé en 1941 par l'ingénieur suisse Georges de Mestral, intrigué par la manière dont les fleurs de chardon restaient accrochées à la fourrure de son chien. En attendant de marcher sur l'eau.

65

LE YÉTI EXISTE-T-IL ?

Sur tous les continents, dans toutes les civilisations, au fond de toutes les vallées perdues montagneuses se cacheraient de mystérieuses créatures, mi-humaines, mi-animales. Appelées *yéti* dans l'Himalaya, *bigfoot* dans les montagnes Rocheuses, *almasty* dans le Caucase, *yeren* en Chine ou *yowie* en Australie, ce sont toutes de grandes créatures velues, discrètes et craintives, avec des caractéristiques venues à la fois des primates et des humanoïdes. Certains estiment même que ces apparitions pourraient être le fait de la survivance de l'homme de Néandertal. Et il est vrai que l'on a longtemps cru que l'homme de Néandertal avait disparu au moment de l'émergence de l'homme de Cro-Magnon. On sait maintenant qu'il y a eu, il y a entre 25 000 et 30 000 ans, cohabitation entre les deux branches humaines. Alors, pourquoi ne pas imaginer qu'une poignée de Néandertaliens soient encore présents… ?

Mais les preuves de leur existence sont ténues en dépit des aventures de Tintin. Quelques photos floues, des empreintes, des poils, des témoignages plus ou moins précis sont insuffisants pour prouver sans équivoque leur présence. D'autant que l'on connaît la propension de l'homme à fantasmer sur la réalité. Ainsi, il n'y a pas que dans le loch Ness, en Écosse, que nagent mystérieusement des Nessie de plusieurs dizaines de mètres de longueur. De nombreux lacs de part le monde, en Suède, au Canada, en Géorgie ou en Chine par exemple possèdent ainsi leur serpent géant.

Ce qui est tout de même troublant, c'est le fait que des groupes d'hommes, sans lien entre eux, sans possibilité de communication, racontent quasiment la même histoire. Est-ce là un « artefact » de la pensée humaine qui aime à exagérer les dangers pour mieux mettre en valeur son audace et son courage ou ces mystérieuses créatures existent-elles vraiment ?

Cryptozoologie

Pour essayer de rationaliser un peu tout cela, un domaine scientifique tente de se faire reconnaître. Il s'agit de la cryptozoologie, la « science des animaux inconnus ». Ce sont des amateurs d'« avni », les « animaux vus non identifiés ». Même si la science officielle réfute leurs travaux, les cryptozoologues tentent de collecter les témoignages, de les évaluer, de les approfondir… Mais tous les cryptozoologues ne sont pas scientifiques tandis que certains scientifiques font de la cryptozoologie sans le savoir.

Certains scientifiques estiment que nous ne connaissons que 20 à 30 % des espèces animales vivant sur Terre. Nous sommes incapables d'évaluer leur nombre mieux qu'à un facteur dix près : il y en aurait entre 8 et 80 millions. Près de 80 % des espèces animales seraient ainsi des insectes. Viennent ensuite les autres arthropodes, puis les nématodes (les vers ronds) et les mollusques. L'embranchement auquel appartient *Homo sapiens*, nommé les cordés (squelette organisé autour d'une colonne vertébrale), principalement composé de poissons, ne compte que quelques dizaines de milliers d'espèces.

Il resterait donc des millions d'espèces à découvrir. Bien sûr, toutes ne sont pas spectaculaires. Un certain nombre de ceux qui se nomment cryptozoologues sont d'ailleurs un peu « snobs » et ont décidé de ne pas s'intéresser aux espèces inconnues qui ne sont pas remarquables soit visuellement, soit pour l'imagination. D'autres en revanche, qui se nomment les cryptoentomologues, n'ont pas ces dédains et s'intéressent aux espèces inconnues même très petites et sans éclat particulier. On enregistre chaque année, tous animaux confondus, quelque 15 000 nouvelles espèces. Et il y en aurait bien plus si la quantité de scientifiques capables de les trouver, examiner, cataloguer, était plus importante.

Il y a tout de même eu ces dernières années quelques découvertes spectaculaires de nouvelles espèces, la plus célèbre étant sans doute celle d'un poisson « préhistorique », le cœlacanthe. Le premier exemplaire fut pêché en 1938 alors que l'on croyait ce groupe de poissons disparu depuis l'époque des dinosaures, le second cœlacanthe fut attrapé en 1952. Depuis, d'autres ont été pêchés et filmés. Il y a également, venus de la mer, les cadavres de calmars géants dont les seules « preuves » d'existence étaient des récits de marins.

Mais il y a aussi l'okapi, le parent le plus proche de la girafe, que l'on ne découvrit qu'au XXe siècle. En Nouvelle-Zélande, on a cru pendant deux siècles que le takahe, un gros oiseau coureur, était éteint avant d'en retrouver dans une région très reculée de l'île. En 1995, une expédition franco-britannique se perdit dans une tempête de neige dans une vallée tibétaine et découvrit chez les habitants de la vallée une race de cheval, le riwoche, que l'on ne connaissait que par des dessins rupestres préhistoriques. Alors, le yéti et bien d'autres créatures inconnues ont encore toutes leurs chances.

66

LES AUTRUCHES ONT-ELLES LA CHAIR DE POULE ?

Mais non, l'autruche n'est pas (tout à fait) une poule mouillée, même si elle a, naturellement, la chair de poule. L'autruche est devenue, à son corps défendant, le symbole de celui ou celle qui croit qu'occulter les problèmes permet de les résoudre à cause de sa prétendue propension à enfouir sa tête dans le sable en cas de danger. Avec, derrière la tête, l'idée que si on ne voit pas son prédateur, lui ne nous verra pas non plus. Pourtant, même quand, ce qui est plutôt rare, l'autruche se trouve sur du sable, elle n'y enfouit jamais la tête.

Pourquoi l'autruche, cette Africaine émigrée en Australie, a-t-elle hérité de cette si peu flatteuse réputation ? D'aucuns disent qu'elle suscite bien des jalousies : c'est en effet le plus grand et le plus gros des oiseaux, même si elle ne vole pas. Les mâles peuvent mesurer jusqu'à 2,5 m de hauteur et peser 150 kg, les femelles pour leur part atteignant 1,9 m pour 120 kg. C'est l'animal à deux pattes qui se déplace le plus vite puisqu'elle peut courir jusqu'à 70 km/h. Elle possède les plus gros yeux de tous les animaux terrestres. Ses œufs sont aussi dignes de figurer dans le livre des records puisqu'ils pèsent couramment 1,5 kg. D'autres disent que sa réputation tient à son apparent mauvais caractère, voire sa méchanceté. Ce qui n'est pas prouvé même si certaines, peut-être, sont hostiles.

Plus simplement, il semble que la légende soit née de deux attitudes bien réelles de l'autruche. La première est que parfois, en cas de danger, l'autruche se tapit au sol, étirant son cou et sa tête devant elle à ras de terre. La deuxième s'effectue pendant la couvaison de ses œufs. C'est la femelle qui s'en occupe dans la journée, aux heures les plus chaudes. Et elle plonge fréquemment sa tête dans le nid, au milieu des coques de sa future descendance afin de contrôler leur température et de les retourner régulièrement.

Une expression du XVIIe siècle

Et en cas de danger, l'autruche fait comme tout le monde. Ou bien elle se bat, ou bien elle « se barre » (ce qu'elle fait le plus souvent). Et si elle a bien la chair de poule, c'est que comme tous les oiseaux, son duvet et ses plumes sont disposés de telle manière qu'ils forment une bonne couche d'air isolante. Les oiseaux, comme les mammifères, sont des animaux que l'on dit « à sang chaud ». Ce qui veut dire qu'ils régulent leur température interne. L'isolation par une couche d'air « immobilisée » dans les poils ou les plumes est un des outils pour y parvenir. De plus, cela les protège aussi bien des variations de température que de l'eau, que ce soit pour nager ou en cas d'intempéries.

Chez les autres animaux, homme y compris, avoir la chair de poule signifie avoir les poils qui se dressent. Une expression qui remonte au XVIIe siècle parce que lorsque les poils se hérissent, de froid ou de peur, cela donne à notre peau l'aspect de celle d'une volaille plumée.

C'est, pour l'homme, un réflexe ancestral qui n'a plus vraiment de raison d'être aujourd'hui. Il date du temps où nos ancêtres étaient très poilus, voire très velus. Faire se redresser les poils permet d'augmenter l'épaisseur de la couche d'air « piégée » dans la pilosité, augmentant ainsi sa capacité d'isolation et favorisant l'augmentation de la température corporelle.

C'est un acte réflexe totalement involontaire déclenché dans notre cerveau par une zone appelée hypothalamus. Celui-ci est chargé de maintenir constants les paramètres biologiques de l'organisme comme la température. Il est renseigné sur celle-ci par quelque 200 000 petits capteurs, nommés thermorécepteurs, répartis sur toute la peau. Ils sont capables de percevoir de très légers changements de température, d'un centième de degré Celsius.

Muscles horripilateurs

Une fois alerté d'une baisse de température, l'hypothalamus décide de commencer à réchauffer les lieux et envoie, via des neurones spécifiques, des messages aux muscles redresseurs des poils (muscles dits « horripilateurs »). Ceux-ci se contractent, hérissant le poil et créant de petites boules à la surface de la peau. Donnant l'aspect caractéristique de la chair de poule.

Ce qui pour un animal à fourrure a d'ailleurs pour conséquence d'augmenter son volume et donc de le faire paraître plus gros qu'il ne l'est aux yeux de son ennemi. Ainsi font les chats face à leurs congénères ou face aux chiens. Sans doute est-ce pour cela que nos cheveux peuvent se dresser sur notre tête. Sans parler du hérisson qui lui aussi sait… se hérisser.

Lutte contre le froid et lutte pour la survie ont beaucoup de mécanismes physiologiques en commun. Ainsi, on parle de frisson de froid, mais aussi de frisson de peur. Bizarrement, on dit d'ailleurs, dans le cas de la peur, que notre sang se glace. Alors que le frisson est censé réchauffer. Mais on ne parle pas de frisson d'amour, qui, lui, pourtant embrase. Il n'y a en tout cas de quoi se mettre la tête ni à l'envers ni… dans le sable.

67

POURQUOI LES GIRAFES ONT-ELLES UN SI LONG COU ?

C'est le plus haut, le plus lourd, le plus rapide et le plus paisible de tous les ruminants. Il faut dire qu'avec ses 5,80 m de haut et ses 2 t, elle peut tout de même courir jusqu'à 60 km/h, passer des obstacles verticaux de plus de 1,80 m et… nager. Avec ses « jambes » interminables, les antérieures étant plus longues que les postérieures, sa petite tête étonnée posée au sommet d'un cou long et gracieux, la girafe a tout du mannequin de la savane. D'ailleurs, une rencontre avec elle, au détour d'un acacia (son repas favori), pour nous petits humains, est inoubliable tant l'animal est impressionnant, déroutant et attendrissant, comme venu d'ailleurs. De plus, c'est une véritable vedette de l'histoire de la science. Elle a en effet été au centre d'un âpre débat sur l'évolution des espèces. Un débat qui est d'ailleurs loin d'être terminé.

Tout commence, pour les ancêtres de la girafe, en Afrique et en Eurasie il y a quelque vingt millions d'années (au miocène supérieur). Cette famille d'animaux que l'on appelle girafidés a sans doute un ancêtre commun avec la famille des bovidés puisqu'ils sont tous deux ruminants. Les girafidés semblent avoir été prospères jusqu'à une époque assez récente. Aujourd'hui, il ne reste plus que deux genres, la girafe africaine, la plus connue (*Giraffa camelopardalis),* et l'okapi *(Okapia johnstoni).*

Si l'okapi, très discret hôte des forêts humides du nord du Zaïre, n'a été découvert qu'en 1901, on trouve des représentations de la girafe sur des peintures rupestres, sur des bas-reliefs égyptiens datant de 1500 av. J.-C. Jules César en avait fait l'un des symboles de ses conquêtes africaines et les cours royales d'Europe ou de Chine, au XVᵉ siècle, en décoraient leurs jardins. Au Moyen Âge, on pensait que la girafe était issue d'un croisement entre un léopard (pour ses taches) et un chameau (pour sa tête) et on l'appelait caméléopard.

Une girafe vit de vingt à trente ans. Sa grande taille lui permet de brouter les feuilles dans les étages supérieurs des arbres. Si son cou est très long, il ne comporte que 7 vertèbres, comme chez pratiquement tous les mammifères. Simplement, chacune de ses cervicales mesure quelque 40 cm d'épaisseur. Comme tous les animaux sauvages, elle a des talons d'Achille : pour boire, elle doit écarter ses pattes avant (un peu comme le grand écart d'une ballerine) et pencher son cou et sa tête vers le sol. Elle est à ce moment peu réactive et par conséquent très vulnérable.

« Transformisme » contre « sélection naturelle »

La girafe est devenue au XIXe siècle le symbole de l'affrontement entre deux écoles de pensée qui tentaient d'expliquer la diversité animale. Les deux premiers champions de ces théories étaient d'un côté Jean-Baptiste Lamarck avec son « transformisme », de l'autre Charles Darwin avec sa « sélection naturelle ». Mais le point de départ de leurs réflexions est le même : pour eux deux, la girafe avait des ancêtres qui n'avaient pas un si long cou.

Après réflexion, leurs explications divergent. Pour Lamarck, la girafe a commencé à vouloir manger les feuilles en hauteur. Pour cela, elle a étiré son cou de plus en plus. Et, par un mécanisme mystérieux, elle a transmis à ses girafons ce caractère. Et leur cou s'est progressivement allongé.

Darwin, lui, part du principe que, tout comme il y a naturellement des petits et des grands (bien qu'on ne sache pas expliquer pourquoi), il y a des girafes à plus ou moins long cou. Celles qui ont le cou le plus long vont être avantagées pour se nourrir car elles seront moins soumises à la concurrence des autres. Celles qui broutent le mieux vont donc vivre plus longtemps. Et auront une descendance plus nombreuse. Et cette « sélection naturelle » va se poursuivre. Au fur et à mesure, progressivement, de génération en génération, le cou des girafes va s'allonger. On sait maintenant que la diversité biologique repose sur les mutations génétiques naturelles qui vont apporter soit un désavantage, soit un avantage. Dans ce dernier cas, cela peut aider à mieux survivre.

L'une des critiques les plus fortes contre Darwin, formulée tout de suite après la publication de sa théorie, était qu'on devait pouvoir trouver des formes de transition rendant compte de cette évolution. C'est-à-dire trouver les traces d'une girafe à petit cou, puis à cou moyen, puis à grand cou. Or, on ne trouvait pas ces formes intermédiaires dans les fossiles. Darwin n'arriva jamais à réfuter cet argument.

Et, en fait, il est bon. Darwin avait tort d'imaginer une longue et lente évolution de formes intermédiaires se succédant. Aujourd'hui, on a assez de fossiles pour reconstituer l'histoire des girafidés. Et on constate que des animaux à long cou, comme le giraffokéryx, existaient déjà il y a cinq millions d'années. Et la présence, inconnue de Darwin, de l'okapi, même s'il a un cou allongé, montre que l'évolution n'est pas un long fleuve tranquille. Elle fonctionne plus par poussées, parfois vers des impasses, suivies de phase de stabilité. Lamarck avait tort, mais Darwin n'avait pas complètement raison.

Dernière chose, la girafe adulte n'a pratiquement aujourd'hui plus qu'un seul prédateur, l'homme. Le fait que même le lion, le Roi de la jungle, soit lui-même très impressionné par sa taille (et ses ruades) lui a conféré des pouvoirs magiques. La queue de girafe était ainsi particulièrement réputée. Aujourd'hui, malgré la protection dont elle dispose, la girafe et ses girafons restent fragiles. Souhaitons qu'elle reste, aussi, un animal au long cours.

68

LES PAPILLONS SE SOUVIENNENT-ILS DE LEUR PASSÉ DE CHENILLE ?

C'est l'un des mystères les plus fascinants de la vie animale : une vilaine chenille qui va s'entourer d'un cocon de soie et resurgir en magnifique papillon. Et on ne sait qu'à peine comment cela se passe. La métamorphose que subissent certains insectes est totalement « folle ». Le « bébé » insecte ne ressemble physiquement en rien à l'insecte adulte, il n'a pas les mêmes habitudes alimentaires, ne se déplace pas de la même façon…

Cela peut sembler une mécanique bien compliquée, peu propice à la reproduction et au développement des espèces qui la pratiquent. Pourtant, c'est tout le contraire qui se passe.

Résultat, près de 60 % des insectes utilisent la métamorphose. La raison de ce succès tient dans le fait que le bébé ne mange pas la même chose que l'adulte. Il n'y a donc pas de concurrence et chacun peut déguster ses plats préférés sans piocher dans l'assiette de l'autre.

Quatre grandes catégories d'insectes se métamorphosent. Les coléoptères, scarabées ou coccinelles ; les lépidoptères, papillons ; les hyménoptères, abeilles, guêpes ou fourmis ; et les diptères, les mouches. Le développement de ces insectes se fait en quatre grandes étapes : l'œuf, la larve, la nymphe et l'adulte.

Même si la durée de vie des papillons est très variable, allant de quelques semaines à quelques mois, ces quatre étapes sont partout les mêmes. La femelle va pondre, au printemps ou en été, des centaines d'œufs dans des endroits bien précis (durant sa vie, la femelle pondra de 1000 à 2000 œufs). Le stade œuf dure de 3 à 8 jours. Il se forme alors une chenille, ou larve. Ce stade est le plus long du cycle et donne déjà lieu à d'importantes transformations. On passe, en trois semaines environ, d'un œuf qui mesure un millimètre à une chenille longue de plusieurs centimètres. Pour cela, elle dévore avec voracité des quantités énormes d'aliments. Et doit effectuer plusieurs mues.

Seules les jeunes chenilles transmettent un souvenir

Puis vient le troisième stade, celui de la chrysalide. La chenille produit des fils de soie dont elle s'entoure pour former un cocon. Celui-ci peut être de différentes couleurs et nombreux sont les exemples où elles sont adaptées au camouflage. À l'intérieur de la chrysalide, une totale transformation va avoir lieu en sept à huit jours. Cendrillon la souillon s'apprête à devenir princesse pour aller au bal. L'anatomie de l'animal est complètement réorganisée, transformée. Certains organes disparaissent, d'autres apparaissent. Des pattes, des ailes, un abdomen, un thorax, une tête se forment.

Comment ? Pourquoi ? Tout juste la science peut-elle avancer que des hormones doivent intervenir, que des cellules doivent être tapies quelque part dans la chenille, attendant leur heure.

Puis, en quelques minutes, l'insecte adulte va percer sa chrysalide, en sortir, expulser les restes de sa précédente vie, déployer ses ailes pour les sécher et bientôt s'envoler à la recherche de nourriture et d'un partenaire. Le délicat papillon illuminé de couleurs au vol « cubiste », la mouche agitée qui vrombit et nous énerve, l'abeille stakhanoviste qui butine le nectar et le pollen des fleurs n'ont vraiment plus rien à voir avec la chenille rampante, l'asticot gigotant ou la larve dépendante qu'elles avaient été.

Des chercheurs de l'université de Georgetown, à Washington, se sont demandé si, au moins, l'adulte avait des souvenirs de sa vie d'enfant. Ils ont trouvé le moyen d'obtenir une réponse. Ainsi, ils ont pu prouver que les chenilles du sphinx du tabac, entraînées à reconnaître (et fuir) certaines odeurs (en les associant à de petits électrochocs), transmettaient ces souvenirs au papillon adulte. À condition que les chenilles ne soient pas trop jeunes au moment de cet apprentissage. Ainsi, seules les chenilles «adolescentes» transmettent un souvenir. Dans ce cas, spontanément, en dépit des immenses remaniements que subit l'animal, cerveau et système nerveux compris, le papillon s'éloigne des odeurs associées, chez la chenille, à une piqûre électrique. Voici peut-être expliqué pourquoi, le plus souvent, les papillons femelles choisissent les feuilles de la «bonne» plante pour y déposer leurs œufs, car ils se souviennent que la «table» y était du meilleur cru.

D'autres animaux ont recours à la métamorphose, pas toujours de manière aussi spectaculaire et profonde, surtout dans le milieu marin. Les batraciens, bien sûr, mais aussi de nombreux poissons tels qu'anguille, murène, sole, flétan, turbot, et des échinodermes, des mollusques... D'un autre côté, tous les insectes ne passent pas par la métamorphose mais produisent des «bébés» morphologiquement semblables aux adultes, des répliques en minuscule.

En tout cas, les premiers papillons sont là. En particulier le «citron», nom dû à sa couleur, qui hiberne l'hiver mais aussi l'été. Et le paon du jour, dont les ocelles colorés rappellent ceux du volatile paon, qui est très facile à élever. Avec une seule petite restriction: les œufs se ramassent sur les orties et il faut en nourrir les chenilles.

69

POURQUOI LES TORTUES ONT-ELLES UNE CARAPACE ?

Chers Jean de La Fontaine et Charles Darwin, vous avez eu bien raison de vous intéresser, chacun à votre manière, aux tortues. Jean de La Fontaine pour lui avoir opposé le lièvre, et avoir donné la victoire à (prétendument) la plus lente. Charles Darwin pour les avoir chevauchées, mangées et avoir jeté leurs carcasses à la mer (et plus tard l'avoir amèrement regretté) lors de son mythique voyage, en 1835, sur le *Beagle* aux îles Galapagos. Les tortues sont vraiment à la croisée de tous les chemins de l'évolution et présentent des caractéristiques proprement renversantes. Et elles sont le seul exemple, passé ou présent, d'animal entièrement enfermé dans une carapace osseuse extérieure.

Trois cents millions d'années

Au temps des dinosaures se déplaçaient déjà les ancêtres des tortues : on estime qu'elles sont apparues il y a trois cents millions d'années. Ce sont les plus anciens reptiles vivants. Certaines sont terrestres, d'autres marines, en mer ou en eau douce. Il y a aujourd'hui 300 espèces de tortues qui peuvent être herbivores, carnivores ou omnivores. Elles s'appellent « plate », « franche », « boîte », « olivâtre », « hargneuse », « alligator »… Elles peuvent être toutes petites, quelques centimètres (une quinzaine pour la tortue d'Hermann, seule tortue terrestre indigène en France) jusqu'à plus de 2 m et presque 1 t pour la tortue luth, qui, elle, est marine. Et elles sont réputées vivre des dizaines d'années, quelques cas documentés ayant même dépassé les cent ans.

Les tortues sont des vertébrés tétrapodes : elles ont un squelette osseux et quatre membres. Au stade d'embryon, une tortue ressemble comme deux gouttes d'eau à un embryon d'oiseau, de souris ou même d'humain : grosse tête, petits membres, longue colonne vertébrale… C'est après que tout va changer. L'embryon de tortue va subir plusieurs repliements, comme dans un origami.

Ainsi, la carapace dorsale est en fait l'équivalent de notre cage thoracique mais dont les côtes se seraient déployées vers l'arrière avant de fusionner entre elles. Mais d'autres modifications sont nécessaires pour que dame tortue soit à l'aise dans sa maison protectrice. Ainsi de l'épaule, qui a dû être transférée à l'intérieur des côtes alors que chez les autres vertébrés, l'omoplate est à l'extérieur. De même pour le bassin, qui bascule vers l'avant, et constituera l'une des pièces du plastron, protection, un peu moins épaisse que la carapace, du ventre de la tortue.

Et il faut qu'elle puisse se cacher complètement dans sa maison. D'où des modifications dans la longueur et la forme des os, dans les articulations et dans les attaches musculaires afin qu'elle puisse se déplacer et, surtout, rétracter complètement ses pattes et sa tête à l'intérieur de sa forteresse. Il y a quelques exceptions, comme la tortue luth, qui ne peut le faire : c'est le prix à payer pour avoir développé d'exceptionnelles qualités de nageuse. Et elle, dans l'eau, peut se mettre sur le dos.

70

QUEL ÉTAIT LE PREMIER ANIMAL TERRESTRE ?

Rendons à la grenouille ce qui revient à la grenouille. Nous lui devons beaucoup, mais nous ne l'avons trop longtemps appréciée, paraît-il, que pour ses cuisses. Pourtant cela fait longtemps qu'elle coasse à qui mieux mieux. Si le singe est descendu de son arbre, elle est pour sa part sortie de l'eau. Et cette dernière manœuvre était autrement risquée et porteuse d'avenir. Car ce petit batracien est la plus proche du véritable ancêtre terrestre de l'homme, et même de la plupart des animaux peuplant la planète. Elle provient en ligne quasi directe de la première bête à avoir pu vivre hors de l'eau, directement sous le soleil et en respirant l'oxygène de l'atmosphère. Créant du même coup les dinosaures et les mammifères.

Mais avoir les pieds sur terre n'a pas été simple. La paléontologie, l'étude des fossiles, par la morphologie, la datation, la comparaison, etc., maintenant épaulée par de nombreuses autres disciplines, a permis de dresser les grandes lignes de l'évolution des formes de vie au cours du temps. En voici schématiquement le déroulement (les spécialistes pardonneront les simplifications).

La planète Terre s'est formée il y a quelque 4,5 milliards d'années. Il lui faudra se refroidir et se condenser pendant environ 1 milliard d'années pour qu'elle soit presque entièrement recouverte d'eau. Un vaste continent unique, très chaud et désertique (la Pangée) seul émerge. Dans l'eau, petit à petit, les molécules présentes interagissent, se complexifient. Des assemblages se forment. Cette drôle de cuisine prend également grosso modo 1 milliard d'années. Il y a donc 2,5 milliards d'années, les premières cellules vivantes sont apparues.

Puis il faudra laisser tout ce petit monde batifoler un peu moins de 2 milliards d'années pour que des assemblages de cellules forment des organismes, les premiers invertébrés. Suivront les premiers vertébrés, poissons pourvus d'un squelette et d'une carapace. Toujours dans l'eau. Parallèlement, la révolution est en marche sur la terre ferme, où prennent pied les premiers végétaux, des champignons et des mousses. Puis l'« invention » de la mâchoire tourneboule les espèces animales. Qui adopteront massivement cet équipement. Le développement des végétaux terrestres se poursuit et des insectes primitifs, libellules, blattes et araignées, se développent sur leurs déchets. Un peu moins de deux cents millions d'années supplémentaires se sont écoulées.

Les terres émergées sont devenues plus « attractives » car plus « accueillantes ». On y trouve de la nourriture, des gîtes, des points d'eau et… de l'ombre. Ce qui va permettre aux animaux dépendant de la protection de l'eau, mais capables de passer du temps dans l'air, d'étendre leurs territoires de chasse.

L'invention de la coquille

L'apparition d'alternance saisonnière humide et sèche, asséchant certains points d'eau, a sans doute favorisé la survie, donc la prolifération d'individus pouvant se déplacer pour en rechercher de nouveaux. Ainsi émergent, à partir d'une branche de poissons primitifs – et pas à partir des plus élaborés de l'époque –, les premiers amphibiens. Ils donneront naissance aux reptiles (qui peuvent les premiers pondre leurs œufs sur terre grâce à l'« invention » de la coquille) et à leurs représentants les plus célèbres, les dinosaures, puis à tous les vertébrés terrestres que portera la planète.

Il y a un siècle, les « savants » discutaient encore opiniâtrement de la réalité d'un tel processus. Et pas seulement pour des raisons bibliques. Aujourd'hui, on continue de combler les « trous », les chaînons manquants de cette généalogie, mais aussi et surtout on s'attache à comprendre le comment. Comment « passer » d'un poisson à un amphibien ? D'un amphibien à un reptile ? D'un reptile à un oiseau et aux mammifères ?

La recherche fait plus que chercher la petite bête. Tout est dans le détail « constructif ». Parmi les derniers exemples en date, l'étude menée sur les restes fossilisés d'une très étrange créature, dotée d'une tête de dinosaure, d'un corps de crocodile à quatre membres nageoires et d'une queue de poisson. Surnommée « godzilla » par les chercheurs, elle vivait il y a quelque 135 millions d'années, à l'ère secondaire, au tournant du jurassique et du crétacé. Cet être hybride pourrait avoir été un de ces culs-de-sac de l'évolution, une sorte de coup d'épée dans l'eau.

Autre exemple, un petit os de l'oreille interne trouvé sur un fossile permet de mieux comprendre la formation de cet organe entre poissons et amphibiens. Les fossiles montrant des animaux possédant des organes doubles, par exemple à la fois des branchies et des poumons, ou des nageoires avec des squelettes de pattes, sont également très prisés. Car l'évolution n'est pas un long fleuve tranquille. Elle est parfois cours d'eau majestueux, torrent, lac, marais où ses diverticules s'éteignent. Surtout, elle ne coule pas toujours de bas en haut. Ainsi des poissons devenus animaux terrestres ont-ils fait le chemin inverse pour retourner dans l'eau et redevenir poissons, retransformant leurs pattes en nageoires. Ainsi en est-il des ancêtres des baleines et dauphins… Mais la grenouille demeure, elle, fidèle à son poste, pour nous rappeler, par son exemple, qu'il faut toujours maintenir la tête hors de l'eau.

71

POURQUOI LA MIE DE PAIN A-T-ELLE DES TROUS ?

Tout est dans l'art de la bulle. Dans sa taille, sa répartition, son nombre… Tout comme pour le champagne, un bon pain se doit de posséder des

« bulles » ni trop petites ni trop grosses, de tailles comparables et harmonieusement placées pour émoustiller nos papilles. Et si un bon pain dépend évidemment du savoir-faire du boulanger et de la qualité de la matière première utilisée, en particulier de la farine, il doit son existence à une innombrable armée de petits bras invisibles qui vont opérer l'alchimie magique de la mie de pain. Voici venir les levures.

Pour faire du pain, il faut de la farine (le plus souvent de blé), de l'eau, du sel et des levures. Celles-ci sont des micro-organismes unicellulaires eucaryotes. C'est-à-dire qu'à la différence des bactéries, leurs chromosomes sont placés dans un noyau à l'intérieur de la cellule, qui est ronde ou ovale. On connaît plus de 1 000 espèces de levures mais la plus utilisée dans l'alimentation est la fameuse *Saccharomyces cerevisiae* (le « champignon à sucre de cervoise », la boisson des Gaulois), qui intervient dans la fabrication du pain mais aussi de la bière ou du vin. Utilisée depuis l'Antiquité de manière empirique, cette levure a été « démasquée » par un médecin botaniste allemand, Franz Meyen, qui la décrivit complètement en 1837. Et si Louis Pasteur est connu pour ses travaux sur la rage, il devrait l'être plus encore pour ses travaux sur les levures et les bactéries, car il va jeter les bases scientifiques de ce que l'on sait sur elles.

Éthanol et gaz carbonique

Une levure est un petit être exceptionnel : elle est munie de deux systèmes de « respiration ». Elle peut faire comme nous et vivre en respirant de l'oxygène. Oxygène qui va lui permettre de se servir des sucres pour s'alimenter en produisant du gaz carbonique. Mais elle est aussi capable de vivre tout aussi confortablement sans oxygène. Dans ce deuxième cas, on parle de fermentation. La levure transforme les sucres en produisant de l'éthanol et du gaz carbonique. Ainsi, la levure est capable de « faire » du pain, de la bière, du vin ou… des biocarburants.

Prenons le cas du pain. Au départ, il y a un blé tendre qui pousse dans un champ. Comme tout végétal qui se respecte, il se fait un devoir de former des graines, réunies dans son épi. Et au cœur de la graine, il « entrepose » des réserves de nourriture nécessaire à la germination. Ces réserves de nourriture vont donner la farine. Elle est constituée en majorité (85 à 90 %) d'amidon – des millions de molécules de glucose –, le reste étant des matières azotées et des protéines que l'on appelle gluten, au rôle crucial.

Une fois tout cela décortiqué, isolé, purifié, le boulanger reçoit sa farine. Cette poudre, associée aux autres ingrédients dans des proportions bien précises, va être transformée en pâte élastique grâce au pétrissage. À la main ou dans le pétrin, cela va donner une cohésion à la pâte grâce au gluten, dont la racine « glu » donne le sens. Il va constituer comme une toile d'araignée tridimensionnelle collante qui va maintenir dans une sorte de corset le reste de la matière du pain.

La fermentation des levures

Pendant que le gluten fait sa toile, aidé par le sel, les millions de cellules de levures s'activent. Elles entament la «pousse» ou «levée», étape en deux temps pendant lesquels le volume de la pâte va être fortement augmenté (multiplié par trois en fin d'opération). Car les levures dans la pâte sont privées d'oxygène. Elles fermentent donc en produisant de l'éthanol et du gaz carbonique. C'est ce gaz qui va dilater la pâte et créer des bulles en son sein, qui donneront les trous de la mie. Et qui donneront au pain son moelleux.

On constate sans peine que les conditions nécessaires à la réalisation d'un bon pain sont légion. Matière première (la qualité du blé), température (28 °C, optimale pour les levures), temps de pétrissage (pour le gluten) et temps de repos, additifs éventuels qui peuvent agir sur certaines phases, etc. Le boulanger a toujours du pain sur la planche.

Respire-t-on du gaz carbonique quand on mange du pain et doit-on craindre l'alcootest (à cause de l'éthanol, à la base de l'alcool) ? Car la multitude de petites levures, piochant dans les sucres de la farine, en produisent une bonne quantité. C'est pour cela, entre autre, que la pâte avant cuisson est indigeste, qu'elle a un goût très différent et qu'elle est un tant soit peu enivrante. C'est au cours de la cuisson (à 250 °C) que gaz carbonique et éthanol vont s'évaporer. La cuisson va également transformer l'amidon en le rendant plus digeste. Mais elle va aussi « liquider » la nuée d'ouvriers invisibles. C'est la sortie de scène des levures. En toute majesté.

72

COMMENT LES CONSERVES ONT-ELLES ÉTÉ INVENTÉES ?

Elle est aujourd'hui limite « has been ». Congelés, surgelés, extrudés…, les aliments roulent des mécaniques technologiques devant la boîte en fer-blanc. Pourtant, au XVIIIe siècle, la conserve a été une révolution autrement plus importante que ces techniques modernes. À l'époque, et ce depuis des siècles, les seuls moyens de conserver les aliments étaient le séchage, le salage, le fumage, le saumurage, la fermentation, le « confit » dans la graisse ou le sucre, le caillage… Des techniques relativement simples, sûres pour l'hygiène, mais qui modifient profondément l'aspect et le goût de l'aliment traité. Sans parler de ses qualités nutritionnelles.

Tout à coup, un moyen simple a été inventé pour conserver sans risque et pendant longtemps nombre d'aliments de base, fruits et légumes, viandes, poissons. Cerise sur le gâteau, l'inventeur de la conserve va refuser de… conserver son secret ou même de le faire breveter, pour l'offrir à tout un chacun. Ce procédé, l'appertisation, porte d'ailleurs toujours le nom de son inventeur, Nicolas Appert, qui soixante ans avant Louis Pasteur découvrit empiriquement, à force d'essais, la stérilisation des aliments par la chaleur.

Bien malin aurait été l'augure qui, penché sur le berceau de Nicolas Appert, le 17 novembre 1749, à Châlons-en-Champagne, aurait prédit l'incroyable destin de celui qui devint un éminent représentant des hommes éclairés du siècle des Lumières. Ce neuvième enfant d'une famille d'aubergistes – à l'enseigne du Cheval blanc – apprend les bases du métier dans les cuisines de l'auberge familiale puis s'oriente très vite vers la profession de cuisinier-confiseur. Déjà la conservation.

Après un séjour de dix ans en Allemagne, il revient en France à l'aube de la Révolution et ouvre sa première boutique en 1784 à l'enseigne de La Renommée au 47, rue des Lombards, à Paris. Le confiseur, arrivé à la quarantaine, ne reste pas en marge du bouillonnement social. Il s'enrôle dans la garde nationale, devient le président de la section des Lombards, assiste à l'exécution de Louis XVI. Parallèlement, ses affaires prospèrent. Tout lui sourit. Jusqu'à la Terreur. Le ci-devant citoyen Appert est jeté en prison. Il y croupira trois mois. Ironie de l'histoire et conséquence inattendue de la Révolution, c'est pendant cette « pause » que, semble-t-il, le puzzle de la conservation se met en place dans son esprit. À sa sortie de prison, il abandonne toute activité révolutionnaire et se lance dans les expérimentations. La conserve va naître. Et pas dans une boîte.

D'abord dans des bouteilles de champagne

Car Nicolas Appert s'est rendu compte, de manière empirique, qu'il fallait appliquer aux aliments à conserver une succession de deux procédés : d'une part, traiter les aliments par la chaleur et, d'autre part, les mettre à l'abri de l'air pour pouvoir les consommer ultérieurement en toute sécurité. À l'époque, les seuls récipients capables de résister à la chaleur sont des bouteilles en verre. Il commence donc par utiliser des bouteilles de champagne. Puis très vite, il exploitera des boîtes en fer-blanc anglaises. Elles sont aujourd'hui soit en aluminium, soit en fer fin, mais peuvent être en verre, en barquette, en sachet…

Il fonde en 1802 la première fabrique de conserves industrielles à Massy (Essonne), dans le domaine dit le Château d'en haut. L'armée s'y intéresse tout de suite, que ce soit pour les troupes terrestres ou pour les équipages de la marine. Le succès, européen, est au rendez-vous. Ses conserves – il propose même les premiers plats cuisinés comme la matelote de poisson – font le tour du monde. Elles iront même jusqu'au pôle Sud à bord de la goélette *L'Uranie*, expédition scientifique destinée à étudier la faune antarctique. Désormais, les marins sont protégés du scorbut, qui a décimé les hommes depuis les premières explorations puisque les produits appertisés garantissent un taux de conservation de près de 60 % de la vitamine C.

Soucieux de faire partager au plus grand nombre ses découvertes, il livre les secrets de son procédé dans un livre intitulé *L'Art de conserver pendant plusieurs années toutes les substances animales et végétales*. C'est Louis Pasteur qui mettra en évidence, près de soixante ans plus tard, le principe scientifique de l'influence de la chaleur sur la qualité bactériologique d'un produit.

Le reste de sa vie, Nicolas Appert le consacrera à améliorer toujours plus ses méthodes, allant jusqu'à mettre au point à partir d'une machine inventée par Denis Papin, le père de la machine à vapeur, un autoclave, l'ancêtre de notre Cocotte-Minute. Il permettait des cuissons qui dépassaient la simple température d'ébullition de l'eau, offrant donc à la fois une plus grande sécurité et un meilleur rendement. Nicolas Appert mourra en juin 1841, à 91 ans, dans la misère, et son corps sera enterré dans une fosse commune. Plus de deux siècles après son invention, chaque Français consomme en moyenne 50 kg de conserves pas an.

73

POURQUOI LE POISSON SENT-IL SI FORT ?

« Quoi, il est pas frais mon poisson ? » Cétautomatix, le forgeron du petit village qui résiste encore, celui d'Astérix et d'Obélix, adore mettre en cause la fraîcheur des produits de son vis-à-vis, le poissonnier Ordralfabétix. S'ensuivent d'homériques pugilats. La raison ? Une odeur. Mais pas n'importe laquelle. L'odeur de poisson avarié fait partie de ces effluves nauséabonds et tenaces que l'on frémit de rencontrer. Pourtant, le poisson frais sent très bon. L'animal entier sent la mer et l'iode. Sa chair elle-même a des senteurs douces et parfumées. Mais tout peut se gâter très vite. Non seulement certains poissons laisseront leur forte marque odorante sur les mains des cuisiniers et sur les ustensiles de cuisson, mais un poisson ou des bouts de poisson peuvent acquérir assez vite un épouvantable parfum reconnaissable entre mille.

Car une odeur est avant tout une rencontre entre une substance volatile, c'est-à-dire qui se mélange à l'air, et un récepteur nasal capable de la reconnaître. Il existe environ 300 000 substances volatiles et l'homme peut en détecter environ 10 000. Beaucoup d'animaux, du bourdon au chien, en sentent beaucoup plus.

Parmi toutes ces substances odoriférantes, un certain nombre sont associées à des « images mentales » très négatives. C'est le cas de l'odeur de poisson en cours de décomposition. Les substances chimiques responsables de la pestilence sont des composés azotés. Ils contiennent donc, en plus du carbone et de l'hydrogène, de l'azote. Leur nom savant est méthylamines et il en existe plusieurs sortes comme les diméthylamines ou les triméthylamines.

Ces molécules sont produites de deux façons différentes. La première vient de l'autolyse des chairs du poisson. Après sa mort et à cause de l'arrêt de l'activité de l'organisme, les cellules de l'animal vont subir des transformations internes.

En particulier, une substance destinée à réguler la teneur interne en sel des poissons, l'oxyde de triméthylamine, est dégradée et de la triméthylamine est produite. Molécule volatile, elle se dégage dans l'air et le poisson commence à puer.

L'action des bactéries

L'autre source de gaz, la plus importante, est due à l'action des bactéries. Celles-ci se trouvent sur la peau du poisson, mais aussi dans ses branchies et ses intestins. Et la flore bactérienne des poissons, qu'ils vivent dans les eaux froides, tempérées ou tropicales, est pratiquement la même. Lorsque le poisson est vivant, ou tout de suite après avoir été pêché, son système immunitaire maintient sa chair stérile. Après sa mort, les bactéries peuvent l'envahir. Du moins certaines bactéries. Car la plus grande partie d'entre elles ne vont pas participer à l'altération du poisson. Celles qui l'abîment ont des noms d'ailleurs très évocateurs, comme *putrefaciens*.

L'action des bactéries va produire nos fameuses méthylamines et de l'ammoniac, ainsi que d'autres catégories de molécules malodorantes. Il y a aussi, en petites quantités il est vrai, les trois autres grandes catégories de produits peu agréables : des composés soufrés (odeur d'œuf ou de légumes pourris), des aldéhydes (goût de rance) et des acides gras volatils (comme le vinaigre). Le rance peut également être donné par les graisses du poisson, ses lipides, qui, s'ils sont oxydés, donnent une mauvaise odeur et le goût de rance à la chair.

La vitesse à laquelle la chair du poisson s'abîme est très variable selon les espèces. Par exemple, le merlan ou le cabillaud, qui ont une peau fine et fragile, se décomposent bien plus vite que le carrelet, qui a un épiderme robuste. Les conditions dans lesquelles le poisson est conservé (temps avant congélation, température de congélation) vont également influer sur les possibles molécules malodorantes produites et leur temps d'apparition.

Mais manger du poisson qui ne risque pas de sentir le poisson avarié est possible. Il existe ainsi un produit alimentaire fait de poisson qui n'en a pas l'odeur : c'est le surimi. Inventé au XVIIe siècle par les Japonais, c'était au départ une façon de préparer le poisson pour le conserver. Le poisson est étêté et vidé dès qu'il est pêché, les filets sont lavés à l'eau douce et débarrassés du sang, du gras, des tissus conjonctifs, puis pressés. Le résultat : une pâte blanche sans goût et sans odeur. Ce n'est qu'une fois à terre qu'il sera mis en forme et aromatisé.

Les recettes de grand-mère ne manquent pas pour atténuer ou se débarrasser des odeurs de poisson. Beaucoup tournent autour du citron, dans la poêle, la casserole ou sur les mains. Mais il y a aussi l'acier inoxydable. Pourquoi est-ce que ça marche ? Aucune idée. Si quelqu'un a une explication…

74

MAIS QUE NOUS CACHE L'OMBRE ?

Chacun en a fait l'expérience un jour ou l'autre : il est inutile de courir derrière son ombre. Inséparable compagne de toute matière, vivante ou non, l'ombre révèle en fait beaucoup plus qu'elle ne cache. À la fois réelle et immatérielle, elle est bien la première star méconnue des aujourd'hui populaires mondes virtuels. Il n'en a pas toujours été ainsi.

L'ombre a longtemps été maléfique. Elle cachait forcément de sombres desseins. À la lueur vacillante et changeante des lampes à huile ou des chandelles, des silhouettes capricieuses et souvent effrayantes menaient des sarabandes infernales sur les murs. Les ombres étaient presque des créatures autonomes. D'ailleurs, Peter Pan ne la perd-il pas, ce qui le rend furieux ? La principale qualité de Lucky Luke n'est-elle pas de tirer plus vite qu'elle ? En arabe médiéval, l'ombre veut dire « poursuivant ». Et en Inde, l'ombre d'un « intouchable » (caste inférieure) touchant un « brahmane » (caste supérieure) souille celui-ci, qui doit se purifier. Homme de l'ombre et mise à l'ombre sont du même tonneau. Le seul domaine où elle est admirée est celui des cadrans solaires puisqu'elle y parle le « tic-tac ».

Mais comment imaginer un monde sans ombre ? Elle révèle en fait la vraie nature des choses. C'est elle, et elle seule, qui donne à nos yeux du relief à ce qui nous entoure. Elle dessine les contours, sculpte les volumes, arrondit les courbes. Les photographes, ces artistes de l'ombre, en sont les dresseurs. Sans ombre, une montagne n'est qu'un tas de pierre. Sans ombre, un paysage est plat. Sans ombre, les planètes et les satellites sont sans aspérités.

Ombre et éclipse

L'une des plus spectaculaires apparitions instructives de l'ombre est, étonnamment et sans conteste, une éclipse. Qu'elle soit de Lune ou de Soleil. La France l'a vérifié une fois de plus le lundi 3 octobre 2005 puisque le Soleil, ce jour-là, a presque complètement disparu en plein jour. Mais les nuages ont fait, ici et là, ombre au spectacle. Le disque solaire s'est transformé en anneau lumineux. Grâce à la complicité de la Lune qui s'est placée entre le Soleil et la Terre.

Les poissons ont été les premiers servis. La pointe du cône formé par l'ombre de la Lune, a touché d'abord la Terre dans l'Atlantique Nord à 9 h 41 (heure française). Son centre a progressé rapidement vers le nord du Portugal et l'Espagne. Les Madrilènes ont eu droit à 4 minutes et 11 secondes d'éclipse à 95 %, maximum à 11 heures. Cinq minutes plus tard, les Algérois ont pu constater la disparition quasi totale du soleil pendant 3 minutes et 51 secondes. Puis elle a gagné la Tunisie, la Libye, le Tchad, le Soudan, l'Éthiopie et le Kenya pour prendre fin au milieu de l'océan Indien. Encore pour les poissons.

La France n'étant pas au centre du cône d'ombre, elle ne pouvait voir qu'une éclipse incomplète.

Elle a été plus importante à Toulouse (3/4 du disque caché), Bayonne ou Ajaccio qu'à Lille (1/2 du disque caché), Amiens ou Paris. Le Soleil a fait sa révérence aux alentours de 9h45 pour réapparaître complètement vers 12h30. Un spectacle qu'il faudra maintenant attendre (au XXIe siècle), sur le sol français, des dizaines d'années.

Au cours du temps, les hommes ont ainsi compris grâce aux observations faites pendant les éclipses que la Terre était ronde, qu'elle tournait sur elle-même et autour du Soleil, et bien d'autres choses…

Mais l'ombre n'est pas seulement astronome. Elle est physicienne et ses astuces permettent de nombreuses analyses. Elle est astrophysicienne et c'est dans l'ombre bouclier de la Terre que l'on espère découvrir une partie de la masse cachée de l'Univers. Elle est peintre. À la fois parce qu'elle est sans doute à l'origine des premiers dessins et qu'elle représente un casse-tête pour les peintres qui ont longtemps évité de la prendre en compte. Elle est aussi architecte. Ainsi, les immeubles new-yorkais des années 40 étaient effilés vers le haut pour limiter les zones d'ombre au sol.

Mais n'oublions jamais que l'ombre peut nous trahir. C'est ce qui, par exemple, est arrivé à l'explorateur américain Robert Peary au début du XXe siècle. Il affirma avoir atteint le pôle Nord le 6 avril 1909 et en rapporta, pour preuve, une photo, prise à midi. Las, l'étude des ombres des hommes de l'équipe sur ce cliché montre qu'ils n'étaient pas au pôle Nord. Sans l'ombre d'un doute.

75

POURQUOI LA GLACE GLISSE-T-ELLE ?

Nombreux sont ceux qui pensent le savoir. Mais ils risquent le dérapage, voire la chute. L'explication la plus courante est en effet que l'on ne glisse pas vraiment sur la glace, mais sur une très fine couche d'eau qui se forme sous la pression d'une chaussure ou d'un patin. Et qui regèle immédiatement dès que l'objet pesant s'est déplacé. Certaines expériences semblaient confirmer cette hypothèse mais, aujourd'hui, d'autres la réfutent. La glisse de la glace enflamme les esprits et la bataille des chiffres fait rage autour de trois explications possibles – la dernière en date étant la plus excitante.

L'eau, qui ne fait rien comme les autres, nous réserve encore une de ces surprises dont elle a le secret : ses propriétés sont dues essentiellement aux interactions entre ses molécules beaucoup plus qu'à sa structure chimique proprement dite, l'une des plus simples (un atome d'oxygène et deux atomes d'hydrogène) du monde moléculaire. Elle ne devrait pas, par exemple, au vu de sa composition, être liquide à température ambiante et à la pression atmosphérique. Une autre de ses caractéristiques uniques est que sa forme solide est moins dense que sa forme liquide. La glace flotte donc sur l'eau, contrairement aux formes solides de la plupart des autres liquides.

Un ballet incessant

Si l'on pouvait observer une eau liquide, même dépourvue de la moindre ride, avec un microscope suffisamment fort, on verrait que ses molécules mènent un ballet endiablé incessant. Elles vibrent, tournent sur elles-mêmes, changent de partenaires… Cette agitation va progressivement ralentir si la température descend. Et en dessous de 0 °C, les molécules se figent. Mais il y a glace et glace. En augmentant la pression sous laquelle elle se forme, on peut obtenir 11 formes cristallines différentes, allant de structures très ordonnées à des structures amorphes sans ordre apparent (des formes qui pourraient exister au centre de la Terre ou sur des planètes lointaines). Des formes qui par contre sont, elles, plus lourdes que l'eau ! Ce qu'il faut retenir, c'est que, sous pression, la glace fond plus facilement. Mais ces pressions doivent être autrement plus importantes que celles exercées par le poids d'un objet ou d'un corps humain. Même une pression cent fois plus forte que la pression atmosphérique ne déplace que très peu le moment où la glace fond. D'ailleurs, on peut faire glisser de très petits et très légers objets.

Une autre tentative d'explication invoque toujours la formation d'une fine pellicule d'eau temporaire, mais l'énergie nécessaire à cette fonte serait fournie, non par la pression, mais par la friction du corps glissant qui échaufferait momentanément la glace. Un phénomène qui existe mais qui n'est peut-être pas celui expliquant complètement la glisse de la glace.

Une troisième explication a récemment vu le jour. Elle fait appel à la structure moléculaire de la glace. Les molécules de glace placées à la surface d'une patinoire, par exemple, sont moins « prisonnières » que celles situées plus en profondeur, n'étant pas entourées de toute part par d'autres molécules. Étant plus libres de leurs mouvements, elles créent naturellement une microcouche qui n'est pas tout à fait de l'eau et pas tout à fait de la glace. L'interface entre l'air et la glace posséderait ainsi comme une couche d'eau intrinsèque qui n'aurait pas besoin d'apport d'énergie supplémentaire pour provoquer la glisse. Conséquence annexe, la glace n'a pas besoin d'être lisse pour glisser.

Un tapis de microgouttelettes

Pratiquement, il y aurait donc combinaison de deux facteurs : cette propriété intrinsèque de la glace et la possibilité de formation d'une fine pellicule d'eau. D'ailleurs, et même si la situation est un peu différente sur la neige, les fabricants de skis modernes en dessinent la semelle de manière à fractionner la pellicule d'eau résultant de la friction pour la transformer en une sorte de tapis de microgouttelettes qui roulent comme des billes plutôt qu'un film qui serait plus adhérent et où pourraient se produire des phénomènes ventouse. Dans certains cas rares, la glace ne glisse pas. Parfois, elle colle même fortement. Elle peut ainsi « coller » un doigt si elle est très froide en « congelant » les molécules d'eau présentes dans la peau. Le processus alors à l'œuvre est le même que lorsque l'on fait glisser un glaçon sur de la glace. Il va s'arrêter très vite car ils vont fusionner.

Les recherches sur le véritable visage de la glace n'intéressent pas que les sports d'hiver. Un autre terrain glissant où intervient cette question est celui de la modélisation climatique planétaire. Car la surface de la Terre peut être couverte jusqu'à 40 % par la glace et celle-ci forme 45 % de la masse d'eau des nuages en altitude. La glace de mer recouvre en moyenne 7 % des océans. Outre ses propriétés réfléchissantes, elle modifie de manière significative les échanges entre l'eau et l'atmosphère. Connaître les propriétés exactes de cette interface est donc essentiel pour modéliser correctement le climat mondial. Il n'y a pas, heureusement, que le curling qui peut profiter des recherches sur la glisse de la glace.

76

D'OÙ VIENNENT LES CHIFFRES ?

Prix, valeur, coût, tarif, salaire… Kilos, secondes, mètres, surface, volume… Que serions-nous sans les chiffres ? Pourtant, l'humanité a vécu beaucoup plus longtemps sans chiffres qu'avec. Car il est possible, dans une certaine mesure, de « compter » sans chiffres. C'est d'ailleurs comme cela que l'homme connaissait le nombre de membres du clan, celui des animaux tués à la chasse ou le nombre de bêtes dans un troupeau. Il fallait pouvoir se repérer, évaluer les distances, mesurer l'écoulement du temps. Et tout cela sans chiffres.

C'est encore comme cela que certaines peuplades, dites « primitives », comptent encore aujourd'hui. Toutes les recherches montrent que, spontanément, l'homme peut distinguer trois « quantités » : un, deux et plusieurs. Le *plusieurs* est quantifié à partir du *un* et du *deux*. Ainsi, trois est un-deux, quatre est deux-deux, etc. Un procédé qui ne permet pas de quantifier les grands nombres. Autre façon de « compter » les encoches sur un support. On a découvert des os vieux de vingt mille à trente cinq mille ans, porteurs de séries d'encoches, qui sont sans doute les plus anciennes « machines à compter ». Aux côtés de fresques représentant des animaux ont été également trouvés des traits dans la pierre figurant un tableau de chasse.

Un autre moyen de dénombrement a très vite été les doigts des mains. Beaucoup de systèmes de numération sont en base dix car ils s'appuient sur les dix doigts des mains. Mais certains, par exemple les Mayas ou les Celtes, comptaient en base vingt (en rajoutant les dix orteils des pieds). Certains originaux en base 12 ou en base 60 (Sumériens). D'où les 60 minutes d'une heure et les 60 secondes d'une minute. Et les 360 degrés d'un cercle.

L'étape suivante de l'apprentissage des chiffres, sans doute vers 8000 av J.-C., a été le temps des intermédiaires matériels (cailloux, bouts de bois ou autres objets). Le premier procédé arithmétique de l'histoire a donc été l'appariement. Le berger partait ainsi avec un petit sac contenant autant de cailloux que de bêtes. Lorsqu'il les ramenait, il enlevait un caillou du sac à chaque bête qui rentrait. S'il restait des cailloux, c'est que des bêtes étaient perdues. Le même procédé s'appliquait aux troupes, chaque guerrier qui revenait prélevant un caillou.

L'invention du zéro

C'est dans le quatrième millénaire avant J.-C., que les Sumériens, utilisateurs de la plus ancienne écriture connue (pictographique puis cunéiforme), ont développé les premiers symboles représentant des chiffres et des nombres. L'unité était représentée par un trait, la dizaine par une rondelle, la centaine par une bille, etc. Ces symboles étaient gravés, avec la pointe d'un roseau, sur des plaques d'argile séchées au soleil. Le sac rempli de cailloux s'était transformé en «page» portant la mention du contenu du sac. Mais pour «entrer» en mathématiques, il restait une très importante «invention» à réaliser, celle du zéro.

Les Babyloniens sont les utilisateurs du plus vieux zéro connu de l'histoire. Au tout début, le zéro est plutôt un symbole marquant la dizaine, la centaine, etc., que celui de la quantité nulle. Mais il le devient très vite. Le zéro sera aussi découvert par d'autres civilisations dans leur propre système d'écriture, hiéroglyphes ou autres.

Les chiffres romains, issus de la pratique préhistorique de l'entaille mais raffinés pour pouvoir pratiquer des opérations mathématiques, ne sont plus utilisés aujourd'hui que pour, par exemple, nommer les siècles. Les chiffres «arabes» actuels sont nés d'une transformation au Moyen-Orient de la notation née en Inde il y a seize ou dix-sept siècles. D'ailleurs, en langue arabe, les chiffres sont dits « indiens » quand, en langue française, on les dit « arabes ».

Il est amusant de constater que l'étymologie du mot *chiffre* confirme l'importance de la découverte du zéro. Il vient du mot arabe *sifr*, lui-même descendant du *sunya* d'origine indienne, qui veut dire « le vide ». D'ailleurs, jusqu'au début du XVe siècle, le cifre ou chifre était encore compris dans son acceptation originelle, celle de la quantité nulle, et ce n'est qu'à partir de 1491 que le (vrai) zéro apparaîtra en même temps que « chiffres » désignera les composants des nombres.

Si les animaux, ailleurs que sur certaines scènes de spectacle, ne savent pas compter, nombreux sont ceux, en revanche, qui ont un certain sens du nombre. Les corbeaux ou les pies en font partie. Une histoire célèbre l'illustre parfaitement. Un corbeau ayant fait son nid dans la tour de guet d'un châtelain, celui-ci décida de se débarrasser du volatile. Mais à chaque fois qu'il allait dans la tour, le corbeau décampait, attendait que l'homme s'en aille, et revenait. Le châtelain décida de ruser et recruta un comparse. Celui-ci fut le seul à ressortir de la tour. Mais le corbeau ne se laissa pas berner et attendit que, lassé, le châtelain s'en aille à son tour. Alors seulement, il revint au nid. Même résultat avec trois personnes. Mais, le corbeau ne sachant pas « compter » au-delà de 4 ou 5, il finit par se faire attraper. Pour ne pas se faire avoir, mieux vaut donc savoir compter.

77

LES DÉCOUVERTES SCIENTIFIQUES SE FONT-ELLES DANS LE MARC DE CAFÉ ?

Un chercheur à qui l'on demandait où et comment il trouvait l'inspiration le conduisant à d'éventuelles découvertes répondit simplement : « Dans le marc de café. » Essayait-il d'éluder la question, de se montrer hautain ou de plaisanter ? Rien de tout cela. Par « marc de café », il entendait en fait « pause-café » (ou thé). Perte de temps ? Obligation légale ? Concession au paresseux qui sommeille en chacun de nous ? Du plus grand au plus petit laboratoire du monde, du plus obscur au plus prestigieux institut de recherche, tous (ou presque) ont érigé à la pause-café une place privilégiée. Certains l'ont « institutionnalisée », lui fixant un cadre, un horaire, un déroulement précis, un protocole. D'autres sont plus informels. D'autres encore ajoutent tel ou tel ingrédient, de la musique, un tableau noir, des cookies... L'importance de ce moment est telle que des « écoles » pause-café se créent et débattent avec passion de leur organisation.

Ces pauses-café ne sont pas que de simples moments conviviaux de détente ou l'occasion de se doter d'une solide dose de caféine afin d'être plus efficace dans son travail. De l'avis de la grande majorité des chercheurs, ils sont des moments importants, voire essentiels, dans la création, sur le chemin de la découverte. Nombres d'histoires qui « traînent » sur l'instant du déclic d'« eurêka » («j'ai trouvé») invoquent la pause-café, la discussion détendue avec d'autres personnes, la confrontation d'idées, l'ouverture sur des domaines de recherche autres que le sien.

Le monde de la recherche n'est pas exempt de pression, de compétition, de dates butoirs… Là comme ailleurs, on court contre le temps et, pour un peu, on n'aurait jamais le temps. Il faut donc parfois obliger les chercheurs à faire des «breaks» et à sortir le nez de leurs éprouvettes ou de leurs équations. C'est pourquoi nombre de centres de recherche ont institué un rendez-vous journalier fixe, en général en milieu d'après-midi. C'est le cas par exemple au Fermilab, situé à Batavia, près de Chicago (Illinois), un gros laboratoire d'étude de la physique des particules de hautes énergies qui possède un puissant accélérateur de particules, le Tevatron. Une salle est réservée à ces «breaks» et une sonnerie annonce l'heure d'ouverture de la pause. C'est aussi le cas à l'Institut des hautes études scientifiques (Ihes), à Bures-sur-Yvette (Essonne), l'un des centres français d'excellence de recherche avancée en mathématiques et physique théorique. Chaque après-midi, entre 16 et 17 heures, les chercheurs, de nombreuses nationalités différentes, sont invités à venir boire une boisson (non alcoolisée), déguster quelques gâteaux et discuter de leurs travaux. À l'université de Cambridge, il y a deux fois par jour une pause de quinze minutes.

Au Centre européen de recherche nucléaire (Cern), doté lui aussi d'un puissant accélérateur de particules – il possède maintenant, avec le *Large*

Hadron Collider (LHC), le plus puissant du monde –, il n'y a pas précisément d'horaire, mais une salle spécialement dédiée à la pause-café : on est pratiquement sûr d'y rencontrer des collègues. Cette solution n'est possible que si l'architecture des lieux permet d'avoir une salle centrale, parfois appelée « le bocal ». Elle est presque toujours dotée d'un tableau (plutôt blanc que noir). Les discussions y sont informelles et ne concernent pas forcément la science.

De nouveaux angles d'attaque

Car, comme ailleurs, ce sont des lieux où l'information circule. D'autant que s'y mêlent les étudiants, les thésards (ceux qui font un doctorat), les chercheurs, les « patrons », les administratifs… Et tout le monde y est un peu plus accessible. Mais les discussions sont souvent animées et la controverse y est la règle. C'est souvent là que les « bonnes » idées naissent. La présence de chercheurs de disciplines différentes ainsi que de non-spécialistes est également appréciée : en reformulant les questions que l'on se pose dans le cadre de ses recherches, on trouve parfois de nouvelles perspectives, de nouveaux angles d'attaque. En ayant moins le nez « au ras des pâquerettes », en s'autorisant certaines libertés, on est plus créatif.

Certains laboratoires n'ont pas, pour diverses raisons, cette pause-café. Et l'on s'aperçoit que les chercheurs recréent tout de même, sans vraiment s'en rendre compte, ce moment. Ce peut être par exemple à l'occasion du déjeuner. Ce peut également être dans des endroits « improbables ». Ainsi, ce bus faisant la navette pour amener étudiants et chercheurs entre Paris et les laboratoires situés en grande couronne et dont les vitres souvent couvertes de buée servaient de tableau noir. Des chercheurs japonais de l'université de Kyoto ont même créé un système pour que les téléconférences puissent se faire dans l'esprit détendu des pauses-café. Les images des différents intervenants sont ainsi placées sur un même grand écran qui figure un espace en trois dimensions : ils se voient tous, peuvent se tourner les uns vers les autres, se déplacer dans cet espace, intervenir à tout moment. Et boire du café…

78

POURQUOI LE VERRE EST-IL TRANSPARENT ?

Après tout, le verre est un matériau solide, dur, capable de couper ou de rayer. On ne passe au travers que quand il casse. Pourquoi laisse-t-il la lumière le traverser ? D'autant qu'aucun de ses composants n'est en lui-même transparent. C'est bien leur mélange et leur disposition très spéciale qui donne au verre son – encore – obscure et paradoxale nature. Obscure car les physiciens ne la comprennent pas complètement. Paradoxale car, en dépit du fait que le verre semble être un solide, il a une structure de liquide.

Mais il ne coule pas. Du moins si lentement qu'on ne le voit pas à l'œil nu. Car il coule sans couler. Il est plutôt en réorganisation interne constante en restant dans son propre volume. Certains avaient cru voir dans le fait que certains vieux vitraux étaient plus épais à leur base qu'à leur sommet la preuve de la nature coulante du verre sous l'effet de la gravité au fil des siècles. Mais il n'en est rien. D'ailleurs certains sont plus épais en haut qu'en bas. Cela vient simplement des techniques de fabrication de l'époque.

Pour avoir du verre, il faut faire fondre du sable. Plus exactement du sable de silice. Qui fond à une température élevée, 1 750 °C. Pour abaisser cette température de fusion, on ajoute des « fondants », tels que la soude ou la potasse. Le verre coule vraiment alors vers 1 000 °C. On peut lui ajouter d'autres additifs, comme le calcium ou l'alumine qui renforcent son « inertie chimique » (pas de réaction avec son environnement), le plomb qui renforce son éclat ou le bore qui diminue les effets de dilatation dus à la chaleur (utilisé pour des verres spéciaux tel le Pyrex). On peut aussi le colorer avec différents sels métalliques (par exemple, ceux de cuivre donnent le bleu égyptien).

Une fois le sable fondu, le liquide obtenu est refroidi pour qu'il se vitrifie. Le problème pour le physicien est que, contrairement par exemple à l'eau qui se transforme en glace en dessous de 0 °C, on ne peut pas déterminer exactement la température à laquelle le sable liquide va devenir du verre. Selon la vitesse à laquelle on va refroidir le liquide, la température de vitrification va changer. Plus on va refroidir vite, plus la vitrification se fera à température élevée (ce qui est recommandé).

Historiquement, le verre n'a pas toujours été transparent

Prenons le problème de la transparence à l'envers : pourquoi l'immense majorité des matériaux ne sont-ils pas transparents ? Parce que les molécules y seraient si serrées qu'il n'y aurait plus de place pour passer ? Non, même les matériaux opaques sont, au niveau des atomes, surtout constitués de vide. Parce que la lumière s'y perdrait comme dans un labyrinthe ? C'est un peu cela. En fait, elle interagit avec les électrons des atomes et y « laisse des plumes ». Ces électrons lui « pompent » son énergie. La lumière se fait vampiriser. Un matériau transparent est donc celui dont les atomes vont se désintéresser des rayons lumineux.

Le fait que le verre ait ce désintérêt pour la lumière visible (mais pas pour la lumière infrarouge par exemple) est en grande partie dû à son étonnante et rare structure. En effet, contrairement à ce que l'on pourrait croire, les atomes y sont disposés comme dans un liquide, sans ordre particulier, contrairement aux structures cristallines, très ordonnées (par exemple, le diamant). Bien sûr, ce « liquide » est figé mais, affirment les physiciens, rien n'empêche a priori les atomes de bouger. C'est parce qu'il fait le grand écart entre l'état solide et l'état liquide que le verre n'est jamais, en quelque sorte, satisfait de l'état dans lequel il se trouve. La transparence du verre est, une fois n'est pas coutume, le triomphe du désordre. Cette « versatilité » du verre a une conséquence importante : il vieillit. Ce qui en fait un bon modèle pour l'étude du vieillissement de nombreux autres matériaux.

Pour que le verre soit transparent, il faut en effet qu'il soit homogène et ne recèle pas de bulles d'air ou de microcristaux. Il fallait donc pouvoir atteindre des températures de fabrication suffisantes. Pendant longtemps, les verriers se sont ainsi établis dans des lieux isolés, à la fois à cause des risques d'incendie que leurs ateliers présentaient et afin de préserver leurs secrets de fabrication. Cela a été le cas par exemple à Venise où les verriers furent regroupés au XIIIe siècle sur l'île de Murano, avec interdiction de la quitter et surveillance féroce de ses abords.

Le dernier aspect non négligeable de la transparence du verre est l'effet de serre. Sans verre transparent, pas de vitres. Et sans vitre pas de serre. Donc pas d'effet de serre. Aussi bien pour les cultivateurs que pour notre planète.

79

LES CHÂTEAUX D'EAU VONT-ILS DISPARAÎTRE ?

Il y en a de grands et il y en a de petits. Des vieux et des jeunes. Des maigres et des dodus. Ils peuvent être en pierre, en béton, en métal et ressembler à des tours, à des fusées, à des soucoupes volantes ou à… rien du tout. On estime qu'ils sont quelque 16 000 en France métropolitaine. Les châteaux d'eau sont une pièce maîtresse, et très visible, de l'approvisionnement en eau potable de quasiment tous les foyers français. Leur esthétique a souvent fait polémique dans les paysages mais leur utilité est telle qu'ils ont réussi à s'imposer partout. D'autant qu'avec les progrès apportés aux matériaux de construction, certains sont de vraies réussites architecturales. Mais on en construit, en France, de moins en moins. Sont-ils menacés de disparition ?

Un château d'eau exploite une fantastique force naturelle, la gravité, et un principe physique très simple, celui des vases communicants. C'est avant tout un réservoir surélevé. Sa capacité va de quelques centaines de mètres cubes d'eau à plusieurs milliers. Placé sur un point haut du territoire, il est capable, sans intervention d'autre forme d'énergie, de fournir le liquide qu'il abrite à tout robinet situé à une altitude inférieure à lui même à plusieurs kilomètres grâce à la seule action de la pesanteur.

Une technique utilisée par l'homme depuis la nuit des temps pour tenter d'acquérir l'indispensable maîtrise de l'eau. Au début, il s'agissait de dévier l'eau vers les lieux d'habitation. Toutes les grandes civilisations s'y sont frottées. En 100 après Jésus-Christ, Rome comptait 19 aqueducs, 250 châteaux d'eau et 1 352 fontaines. Et les villas des riches citoyens romains étaient pourvues de l'eau courante.

Une idée qui fait tache d'huile

Mais pour la plus grande partie des gens, la corvée du seau d'eau pour aller à la rivière ou au puits a très longtemps été la norme. En France, du Moyen Âge jusqu'au XIXe siècle, la distribution du précieux liquide est essentiellement assurée par une flopée de « porteurs d'eau ».

On ne sait pas assez que l'essor des châteaux d'eau est intimement lié au développement des chemins de fer. Car les locomotives nécessitaient de grandes quantités d'eau et devaient régulièrement remplir leurs citernes. On a donc vu apparaître, le long des rails, des réservoirs placés en hauteur. L'idée a fait, si on peut dire, tache d'huile. Mais pensez donc qu'en 1930, seules 23 % des communes disposaient d'un réseau de distribution d'eau à domicile et qu'en 1945, 70 % des communes rurales n'étaient toujours pas desservies. C'est à la fin des années 1980 que la quasi-totalité des Français bénéficiera de l'eau courante à domicile.

Les années 1950, 1960 et 1970 ont donc été les années bénies pour la construction des châteaux d'eau. Si cela a tant tardé, c'est surtout parce que les techniques de mise sous pression des réseaux de canalisations n'étaient pas au point. Et que 10 m de hauteur donnent une pression supplémentaire de 1 bar (l'équivalent de la pression atmosphérique). Entre parenthèses, on estime que 2 à 3 bars à la sortie du robinet, c'est correct. D'où aussi des différences de pression en fonction de l'étage où l'on habite. Il fallait donc à ce moment-là un maximum d'ouvrages surélevés. Mais depuis, les dispositifs de pressurisation du réseau ont fait beaucoup de progrès. Mettant en lumière les deux défauts des châteaux d'eau.

Premièrement, ils sont chers à construire, et deuxièmement, si l'eau s'en écoule toute seule, il faut quand même l'acheminer depuis la source ou la nappe phréatique jusque dans le réservoir placé à plusieurs dizaines de mètres de hauteur. Qui plus est sur un endroit élevé. Faire monter l'eau à cette hauteur a un coût.

Pression constante

C'est pourquoi la grande majorité des réservoirs destinés à assurer la distribution d'eau potable construits dernièrement sont situés au niveau du sol, souvent à moitié ou complètement enterrés. Les remplir coûte beaucoup moins cher. Le réservoir peut être contigu d'une station ou d'une usine d'épuration. Il faut bien sûr assurer la mise sous pression du réseau par des pompes puissantes, mais les techniques nécessaires sont bien rodées.

On pourrait se dire que les châteaux d'eau sont donc condamnés. Mais non. Car, explique-t-on au Syndicat des eaux d'Île-de-France (4 millions d'abonnés, 9 000 km de canalisation, 1 milliard de litres d'eau distribués chaque jour), ils ont encore de nombreuses utilités. Comme de pouvoir assurer, en cas de problème à la station de production d'eau, une distribution dans les foyers pendant en général douze à vingt-quatre heures.

Et un château d'eau sert aussi à remplir… d'autres châteaux d'eau. Assurant ainsi une pression constante dans le réseau. Il participe aussi à l'amélioration de la qualité de l'eau, car il assure une décantation et un contact supplémentaire entre l'eau et les produits chargés de garantir sa qualité. Longue vie aux châteaux d'eau !

80

POURQUOI LE VIN PEUT-IL ÊTRE BOUCHONNÉ ?

La question de savoir pourquoi « mmhhh, c'est bon » ou pourquoi « beurk, c'est pas bon » ouvre sous les pieds des scientifiques des abîmes insondables qui leur donnent des sueurs froides : la réponse risque fort d'être « je ne sais pas ». La cuisine, chacun le sait, est un art qui conjugue plusieurs domaines scientifiques de base : chimie, bien sûr, mais aussi physique et neurophysiologie entre autres. Plus tout le reste… Et si la science élucide ce qui se passe dans les fourneaux, elle peut également aider à mieux cuisiner et même, eh oui, à inventer de nouveaux plats.

Comment connaître le degré de maturité d'une viande ? Quand faut-il la saler, en début ou en fin de cuisson ? Comment éliminer les grumeaux ? Pourquoi un homard rougit-il à la cuisson ? Comment conserver le vert si appétissant des haricots ? Autant de questions pratiques auxquelles la science peut apporter des (débuts de) réponses.

Commençons par les explications. Ainsi, par exemple, pourquoi un vin va-t-il être bouchonné ? À cause du bouchon ? Eh bien, pas toujours. Car les molécules qui vont donner cet arrière-goût désagréable de moisi ou de liège putréfié peuvent naître directement dans le chai de bois où la boisson fermente. Il s'agit essentiellement de molécules chlorées combinées avec des phénols, qui sont extrêmement forts et olfactifs. Les phénols sont des molécules survoltées très réactives et très aromatiques. On les rencontre dans les tannins, le cannabis, le whisky mais aussi dans l'aspirine ou certains explosifs. Ils se font sentir à des doses très, très, faibles. Et en fonction de leur concentration, ils apporteront de bons ou de mauvais goûts et odeurs, par exemple d'un sympathique vieux cuir à un rebutant caoutchouc brûlé. Ils sont aussi à l'origine du brunissement de fruits comme la pomme : c'est leur oxydation (réaction avec l'oxygène de l'air) sous l'action d'une enzyme qui provoque ce ternissement. Le jus de citron, antioxydant, permet de le retarder.

Néanmoins, le bouchon de liège est tout de même souvent le fautif. Les analyses scientifiques ont ainsi pu montrer que de très nombreuses molécules interagissent pour que se développe ce goût de bouchon. Cette complexité fait que l'on est toujours incapable de savoir, avant l'embouteillage, si un bouchon sera défectueux ou non.

Molécules « fraîches »

Au début de l'été, pourquoi certaines boissons, le plus souvent mentholées, sont-elles rafraîchissantes ? Un grand verre de liquide mentholé ou une gomme à mâcher de ce même parfum apportent une incontestable et réelle sensation de fraîcheur. Pourtant, tout cela n'est qu'illusion. Des études neurophysiologiques poussées ont montré que les molécules de type menthol (mais elles ne sont pas les seules) « pirataient » les connexions nerveuses responsables de la surveillance de la température extérieure. Ces molécules « fraîches » vont agir sur des récepteurs situés sur ces neurones-thermomètres et, en quelque sorte, leur faire croire que la température a baissé. Ces sentinelles de la température vont donc envoyer au cerveau le message « il fait plus frais ». Message évidemment très bien accueilli et transmis au niveau des sensations conscientes. Conséquence heureuse pour ceux qui n'aiment pas la menthe, ces recherches devraient peut-être permettre de mettre au point des molécules rafraîchissantes qui n'aient pas… le goût de menthe.

Les sauces en équations

Un autre grand « challenge » pour la science est l'étude des sauces. Il y a non seulement plusieurs centaines de recettes, mais la grande majorité requiert un grand nombre d'éléments différents avec de nombreuses manipulations culinaires. Mais pour Hervé Thys, chercheur créateur de la « gastronomie moléculaire » qui a mis les sauces en équations, il n'y a à la base « que » 23 catégories de sauces. Mais il reste beaucoup de territoires culinaires inexplorés. Ainsi en est-il des « eaux-de sauce », la partie liquide de la sauce, qui vont presque à l'encontre des « règlements » culinaires. En effet, un saucier se doit d'obtenir une préparation qui ne soit pas trop liquide ni trop solide. Et la sauce doit se tenir et ne pas se redécomposer en ses divers éléments. D'où l'idée de voir si la partie liquide d'une sauce ne pourrait pas avoir des qualités gustatives et culinaires nouvelles et intéressantes. Le résultat est, paraît-il, délicieux.

81

QUE SE PASSE-T-IL AU CENTRE DE LA TERRE ?

C'est un monde en soi. Avec ses propres règles, ses interdits légaux (lois de la physique et de la chimie), ses différentes castes… qui ne ressemblent en rien à ce qui existe au dehors. Ou plutôt au-dessus. Là où nous sommes. Si nous voulons savoir ce qu'il y a dans une balle de tennis, et que nous sommes vraiment très très curieux, il existe une solution simple : il suffit de l'ouvrir. Avec la Terre, ce n'est pas possible. La planète a un diamètre de quelque 12 700 km (en moyenne). Soit plus de 7 millions de fois plus grand que la taille moyenne d'un homme. Et comme si cela ne suffisait pas, les profondeurs du globe sont comme enfermées dans un super coffre-fort. Dont on espère un jour trouver la combinaison d'ouverture, si elle existe.

Sans minimiser les progrès scientifiques qui ont été réalisés depuis un demi-siècle dans le domaine de l'exploration du centre de la Terre, force est de constater que pour nous, la seule certitude est qu'une « mission habitée » dans sa direction n'est pas pour demain. Contrairement aux voyages sous la mer, aux voyages dans l'espace et vers la Lune… Mais, comme pour Jules Verne, notre curiosité est la plus forte. Comment faire pour en savoir plus ?

Tant pis pour l'observation directe. Reste d'abord l'étude de la composition des roches, chaudes ou froides, en surface. Puis vient l'auscultation : poser l'oreille sur la fine peau qui recouvre la planète et essayer d'en mesurer et comprendre les battements. Tout comme on sonde un mur, en le frappant pour savoir s'il est plein ou creux, l'analyse des ondes sismiques, celles des tremblements de terre, permet de dessiner l'invisible. Mais on en sait au final tellement peu que les controverses concernent pratiquement tous les étages du sous-sol. En particulier autour de la « graine ».

Une graine…

Tout d'abord, un état des lieux de ce que les chercheurs ont pu reconstituer. La structure interne de notre planète est composée de différents étages. Dont la hauteur est principalement fixée par leur « résonance » aux frissons planétaires.

Au cœur de la Terre, à plus de 5 100 km de profondeur (et jusqu'à 6 400), se trouve une énorme boule solide, de quelque 2 500 km de diamètre – pratiquement la Lune –, composée essentiellement de fer, seule matière « autorisée » à ces profondeurs. Elle est entourée d'une enveloppe, épaisse d'environ 2 200 km (l'ensemble graine plus enveloppe représente presque 33 % de la masse terrestre). La situation y est infernale. Le matériau qui la compose est, au-dessus de la graine, liquide, très chaud (quelque 5 000 °C) et conducteur d'électricité. Les mouvements de la graine dans cette enveloppe créent, pense-t-on, le champ magnétique terrestre grâce à un effet dynamo. Champ magnétique qui nous protège de toutes sortes de particules venues de l'espace. Son évolution dans le passé nous renseigne d'ailleurs sur la taille et la mécanique de cette dynamo.

La graine, « libre » dans l'enveloppe, tourne-t-elle dans le même sens que la Terre ? À quelle vitesse ? Les scientifiques s'empoignent sur la question. Une récente étude tentait de démontrer, en s'appuyant sur des observations sismiques, que le cœur de la Terre tournait un poil plus vite que la surface (un tour supplémentaire tous les mille ans). Conclusion aussitôt contestée par nombre d'autres spécialistes.

... et un manteau

Entourant la graine et son enveloppe se trouve le manteau, un lourd vêtement puisqu'il représente 65 % de la masse terrestre. Les températures y sont de 2000 à 3000 °C. C'est un peu l'équivalent, vis-à-vis de la graine, d'une atmosphère. Comme dans l'air (mais beaucoup plus lentement), des « nuages » de convection y sont à l'œuvre. Chaleur et pression font que les matériaux en fusion qui se trouvent près de l'enveloppe de la graine remontent, se refroidissent et ont donc tendance à redescendre. Mais ils peuvent parfois « décider » d'aller voir ce qui se passe tout en haut.

Car, comme sur le lait bouilli, s'est formée sur cette « atmosphère » une mince pellicule solide (même pas 0,5 % de la masse terrestre), morcelée et mouvante sous l'action des mouvements du manteau, qui a donné naissance aux continents. Son épaisseur est en moyenne de 50 km (150 fois la tour Eiffel) mais peut aller jusqu'à 200 km.

Juchés sur cette peau d'orange, les hommes font maintenant appel à un nouvel outil pour explorer les entrailles de la planète: la simulation. On est quasiment capable de reproduire en laboratoire les conditions de température et de pression qui prévalent à des milliers de kilomètres sous terre. Et donc d'en déduire le visage des lieux. Le plus court chemin vers le centre de la Terre est donc peut-être entre nos mains.

82

L'HYDROGÈNE EST-IL L'ÉNERGIE DU FUTUR ?

Certains y croient. D'autres pas. Même si ces derniers sont de moins en moins nombreux, il reste en fait bien délicat de faire un point scientifique et technologique sur la question. Car les incertitudes (technologiques) demeurent innombrables et les enjeux (économiques et industriels) immenses et lointains (donc plutôt secrets). Mais tous les acteurs du domaine sont conscients que c'est maintenant que l'avenir se décide.

Quelle sera l'énergie principale au service des habitants de la planète Terre dans quelques décennies, après le milieu de ce XXIe siècle, sachant que la consommation mondiale d'énergie a été multipliée par dix au XXe ? Entre pétrole, qui s'épuisera, gaz, dont le prix augmente aussi, charbon, qui essaye bravement d'effectuer un retour dans les chaudières, énergies renouvelables (solaire, éolien, géothermie, marées, biomasse), qui lentement trouvent leur place et d'autres projets futuristes encore plus incertains, la bataille (pas seulement verbale) fait rage.

Il y aura évidemment besoin de toutes les formes d'énergie. Mais une seule fait actuellement vraiment rêver. L'hydrogène. Car c'est l'atome le plus simple (et le plus abondant) de tous ceux qui existent. La molécule de gaz hydrogène est composée de deux atomes identiques. Chimiquement noté H_2, il est à la fois la substance la plus présente dans le Soleil et dans l'eau. Cette dernière est composée de deux parts d'hydrogène pour une part d'oxygène (H_2O). Ce que l'on a découvert dès le milieu du XVIIIe siècle. Qui se souvient aujourd'hui que les frères de Montgolfier (grâce au chimiste Charles) ont fait décoller, en 1783, des ballons de soie recouverts de caoutchouc plus légers que l'air grâce à l'hydrogène ? *Hydrogène* veut d'ailleurs étymologiquement dire « qui produit de l'eau », nom donné par le chimiste Lavoisier (1743-1794) qui découvrit le phénomène.

Plus tard, on constate qu'en soumettant l'eau à un courant électrique, il est possible de dissocier hydrogène et oxygène (une méthode de production de l'hydrogène). À l'inverse, en obligeant oxygène et hydrogène à se réassembler pour donner de l'eau, on peut obtenir en plus de l'électricité et de la chaleur (principe de la pile à combustible).

Le combustible de la pile

C'est la conquête spatiale qui a préparé l'arrivée de « H-deux » sur le devant de la scène. Elle a en effet donné le vrai coup d'envoi au rêve de la «pile à combustible», employée pour la première fois dans les capsules Gemini et aujourd'hui dans pratiquement tous les engins spatiaux. Sur Terre, l'hydrogène reste pour le moment essentiellement confiné à des tâches issues de ses propriétés chimiques, dans les usines de production d'ammoniac et les raffineries de… pétrole, pour la fabrication de l'essence, du gazole et même du méthanol. Mais ses qualités énergétiques ne sont pas vraiment exploitées. Lorsqu'il est brûlé, il est deux fois plus énergétique que le gaz naturel et cinq fois plus que le charbon. Il serait donc presque le «gendre» idéal. Ce qui n'est pas le cas. Il a des «défauts» cachés, liés à ses qualités. On pourrait presque parler de «l'insoutenable légèreté» de l'hydrogène. Ce qui fait qu'il est ainsi 5 fois plus inflammable que le gaz naturel (mais, s'il n'est pas enfermé avec de l'air, il est moins dangereux que lui). Sa légèreté fait aussi que son stockage demande une grande rigueur car il se faufile dans le moindre trou de souris. D'où des défis technologiques d'encombrement, de poids, de coût de fabrication et de recyclage pour une utilisation dans des piles ou des batteries. Et, s'il est vrai que sa combustion ne dégage pas de polluants (uniquement de la vapeur d'eau), il n'en est pas de même pour sa production. Qui peut entraîner la libération de gaz à effet de serre.

Mais les ingénieurs travaillent. Des chercheurs suisses de l'université de Genève ont récemment mis au point une «éponge à hydrogène». Un nouveau matériau (composé de lanthane, magnésium et nickel) capable d'absorber l'hydrogène dans des conditions de pression et de température ambiantes. Comme à la maison. Du jamais-vu.

Des prototypes de batteries à hydrogène pour des téléphones portables, des ordinateurs, des appareils photo sont déjà apparus. Et, bien évidemment, le secteur automobile se prépare à la mutation. La plupart des grandes marques y travaillent. Des voitures, des bus roulent à l'hydrogène et des stations-service sont équipées. Mais son prix à la pompe reste encore un minimum de 2,5 fois plus élevé que l'essence.

Les recherches avancent, comme à Petten, aux Pays-Bas, qui possède les installations européennes d'évaluation des technologies de l'hydrogène. Il faut donc croire que les obstacles technologiques vont être, comme tant d'autres fois par le passé, franchis. Et, même s'il faut des années pour y arriver, autant sur le plan industriel, social que politique, même si d'autres sources d'énergie doivent coexister, l'hydrogène devrait continuer à faire rêver. Mais, au fait, pourquoi ne dit-on pas (comme au Québec), plutôt que pile à combustible, pile à hydrogène ?

83

DE QUOI L'UNIVERS EST-IL FAIT ?

La nature, dit-on, a horreur du vide. Pour l'Univers, c'est tout le contraire. Et cela donne le vertige. À double titre. En regardant un beau ciel étoilé, même à l'œil nu, nous voyons que l'espace est rempli d'une multitude de matière : planètes, étoiles, galaxies, amas s'y bousculent par millions ou même milliards. Mais le vide intersidéral est considérablement plus grand que tous ces corps. Et si seulement les distances entre ces objets célestes étaient « simplement » sidérantes ? Trop grandes pour être vues jusqu'au bout du bout. Les progrès dans la scrutation de l'espace sont aujourd'hui vertigineux mais – presque – du domaine de l'entendement humain. Là où le bât blesse, c'est qu'en dépit des observations et calculs toujours plus performants, on ne peut voir que moins de 5 % de la matière de l'Univers. Et que l'on ne sait pas du tout où se trouve, et ce qu'est, le reste.

La matière lumineuse (étoiles et galaxies) ne représente en fait, selon les calculs, que 0,4 % de la masse de l'Univers (les éléments chimiques lourds tels que le carbone, l'azote, le silicium ou le fer comptent, eux, pour 0,03 %). Puis vient la matière « ordinaire », mais sombre, totalisant 4 % (étoiles ratatinées, trous noirs, gaz diffus…). Parmi les plus de 95 % restants, un quart peut être attribué à une forme de matière inconnue mais qui reste « compréhensible » en poussant dans leurs retranchements les équations « classiques ». Mais le reste échappe pour l'instant à toute tentative de description. Où se cache donc l'immensité de l'Univers ?

Antimatière ou matière noire ?

Faut-il aller chercher du côté de l'antimatière ? Elle nargue les physiciens, théoriciens et expérimentateurs depuis la première moitié du XXe siècle. Postulée sur le papier, elle a finalement été observée. Et créée dans les grands accélérateurs de particules. Parmi les expériences prévues dans les années à venir pour achever de la débusquer, on trouve le détecteur appelé AMS (*Alpha Magnetic Spectrometer*). Il devrait être installé dans la station spatiale internationale. C'est un spectromètre de particules destiné à la recherche d'antimatière dans l'espace. La détection d'un seul noyau d'antimatière dans l'espace – un noyau d'anticarbone, par exemple – apporterait la preuve qu'il existe, quelque part dans l'Univers, hors de l'amas local de galaxies, des creusets où ces antinoyaux sont créés, donnant naissance à des étoiles d'antimatière. Le grand anneau accélérateur de particules du Centre européen de recherche nucléaire (Cern, situé sous la frontière franco-suisse, près de Genève) possède actuellement un équipement capable, à terme, lui aussi, de mieux la faire connaître. Et de sacrer ou de faire voler en éclats les modèles cosmologiques actuels.

L'autre grande piste explorée est presque encore plus mystérieuse que l'antimatière. C'est en observant les supernovae et la vitesse de déplacement d'amas d'étoiles à la fin du XXe siècle que les astrophysiciens ont été obligés de l'« inventer ». Pragmatiques mais tâtonnants, les physiciens ont baptisé la masse manquante « matière noire exotique » et « énergie noire ».

La matière noire exotique représenterait 23 % du total et serait constituée de grands solitaires : des particules massives n'émettant pas de radiations et n'ayant que très peu d'« atomes crochus » avec les particules ordinaires, comme les neutrinos. Si on est capable de mesurer leur effet sur la masse totale, elles persistent à rester invisibles. Un type de matière qui pourrait tout de même être « peint » avec des théories découlant du modèle standard de la physique des particules (supersymétrie, théories de grande unification, dimensions supplémentaires). Le détecteur AMS, cité plus haut, devrait pouvoir réaliser un ensemble de mesures du rayonnement cosmique de particules porteuses de charges électriques inégalé par le nombre d'événements mesurés, environ 10 000 fois plus que les mesures actuelles. L'analyse de la nature des constituants de cette matière noire pourrait ainsi progresser.

Une autre manière de parvenir au même but est diamétralement opposée. Il faut s'enfouir sous terre. Ainsi, au laboratoire souterrain de Modane (frontière franco-italienne), à 1 600 m de profondeur, le dispositif Edelweiss cherche à attraper, quelques fois par an, ces mystérieuses particules solitaires et indifférentes. L'expérience Antarès a elle aussi débuté : un réseau de capteurs a été déployé à plus de 2 000 m sous la surface de la mer au large de Toulon. Il est aussi chargé de détecter indirectement la matière noire accumulée au centre de la Galaxie ou du Soleil en « piégeant » des neutrinos.

Mais il reste encore plus de 70 % de matière manquante. Classée sous le nom de code « énergie noire ». À l'existence toujours très contestée. Il s'agirait d'un type d'énergie qui, contrairement à la matière particulaire, exercerait un effet répulsif semblable à une « antigravitation » et interviendrait dans les processus d'expansion de l'Univers. En 2003 et 2004, des résultats américains semblaient confirmer l'existence d'une telle force. Patatras, en 2005, le télescope spatial européen XMM-Newton, scrutant l'espace aux rayons X, a contredit les précédentes conclusions. Sans qu'il soit possible de trancher. Qui le fera ?

84

OÙ PEUT-ON TROUVER DES MÉTÉORITES ?

La chasse aux météorites est ouverte à tous et partout. Car il en tombe tout de même des dizaines de milliers de tonnes chaque année sur la planète – ce qui a sans doute suscité la plus gauloise des peurs, celle que le ciel nous tombe sur la tête. Mais trouver ces pierres sidérales n'est pas si facile que cela. Heureusement. La Terre est enveloppée d'un bouclier de protection efficace contre ces météores : l'atmosphère. S'ils ne sont pas trop gros.

On peut distinguer schématiquement trois types d'objets naturels spatiaux : les astéroïdes, énormes blocs de métal ou de roche de un à plusieurs centaines de kilomètres de diamètre (il vaut mieux ne pas les chercher) ; les comètes, des « icebergs » spatiaux constitués de glace et de roche ; et les météorites, les plus abondants, cailloux rocheux ou métalliques de quelques millimètres à quelques dizaines de mètres. Ce sont des fragments d'autres corps plus gros qui se sont cassés soit « naturellement » soit lors de collisions. Témoins de la formation du système solaire, ils renferment donc aussi des informations sur la composition d'un grand nombre de corps célestes.

La pierre tombée du ciel

Lorsque leur route croise celle de la Terre, à des vitesses supérieures à 20 km/s (plus de 72 000 km/h), les météorites se « heurtent » à l'atmosphère. Les frottements avec l'air vont, à partir d'une altitude comprise entre 100 et 80 km, porter l'objet à incandescence. Il devient ainsi, la nuit, étoile filante. L'onde de choc de cette entrée dans l'atmosphère peut provoquer un « coup de canon », comme un « bang » supersonique. Conséquence, la grande majorité des météorites s'évapore en fumée avant d'atteindre le sol. Et celles qui ne s'évanouissent pas se noient dans les mers et les océans. Il en est tout de même qui atterrissent.

Les témoignages historiques d'observation de météorites remontent à la nuit des temps. On parlait alors surtout de météores, du grec *meteoron*, qui signifie « phénomène dans le ciel ». La première description précise liant une pierre tombée du ciel avec un « phénomène dans le ciel » (tonnerre et lumière) date du 7 novembre 1492, « entre la 11e et la 12e heure de midi », quand un jeune garçon vit s'abattre dans un champ de blé, en lisière de forêt, une grosse météorite. Description d'autant plus précise que ce fameux « rocher calciné à trois coins » n'a pas totalement disparu. Bien qu'il ait été « pillé » allègrement, il est toujours possible de voir ses restes, un beau morceau de 53,831 kg au musée de la Régence d'Ensisheim, en Alsace, placé sous la responsabilité des gardiens de la météorite d'Ensisheim de la confrérie de Saint-Georges. La plus lourde météorite tombée en France et encore conservée (626 kg) est celle de Caille, dans les Alpes-Maritimes. Elle serait arrivée au début du XVIIIe siècle, a été appelée « pierre de fer », a servi de banc aux portes de l'église de Caille et a été récupérée par l'Académie des sciences en 1828.

Un autre site français est remarquable. Le seul à être classé dans la catégorie des cratères (20 km de diamètre), creusé par une belle météorite dans l'Hexagone, sur 145 recensés sur la planète. À cheval sur les départements de la Haute-Vienne et de la Charente, à proximité de Rochechouart-Chassenon, il présente tous les signes d'un « bombardement », survenu il y a deux cents millions d'années. Mais inutile d'aller fouiller les terres avoisinantes. La « bombe » s'est entièrement vaporisée au moment de l'impact. Les seules traces qu'il en reste sont les roches (terriennes) fondues et enrichies en nickel et en fer… Il y a en tout près de 80 cas de météorites tombées en France qui sont bien documentés.

Mis à part une chute « parfaite », il existe d'autres façons de toucher du doigt des météorites. On peut ainsi assez facilement, chez soi, recueillir de la « poussière d'étoiles », c'est-à-dire des micrométéorites. L'un des dispositifs possibles nécessite de placer une bouteille en plastique dont le fond aura été évidé à l'embouchure d'une gouttière. Il faut placer un aimant puissant près du goulot. Il retiendra les fines particules métalliques apportées par l'eau de pluie dont beaucoup seront des micrométéorites. Un bon microscope permettra de les observer.

Quant au risque de voir tomber une météorite dans son jardin, il a été calculé statistiquement qu'il était de un sur dix milliards. Il est mille fois plus probable de… gagner au Loto.

85

COMMENT LA VIE EST-ELLE APPARUE ?

La genèse biblique aussi bien que les écrits des différentes religions existantes sur la planète restent aussi vraisemblables – ou (in)croyables – que les différentes hypothèses scientifiques sur l'origine de la vie. Au XXIe siècle, la science n'a pas, à proprement parler, d'arguments qui « tiennent mieux la route » que ces récits. Certes, elle accumule les connaissances. Les expériences. Les conclusions. Mais elle est encore incomplète, parcellaire, contradictoire. Le mystère de l'apparition de la vie est pratiquement aussi entier qu'au premier jour. L'aventure continue.

Au commencement était… Il est déjà bien difficile d'en parler car ou bien cela n'a pas laissé beaucoup de traces, ou bien nous n'avons pas su les trouver. Il a fallu se tourner vers une discipline très terre à terre, la cuisine. Voici en quelles circonstances. Dans le chaudron stellaire, il y a très longtemps, après que les planètes se sont formées, que le feu a petit à petit été moins intense… se serait formée une « soupe primitive ».

Enfilant leurs toques plus ou moins étoilées, les chercheurs ont fait preuve d'imagination pour concocter « la » recette. Il faut grosso modo une source de chaleur, de l'eau, divers éléments mélangés qui peuvent interagir et se modifier, et une pincée de savoir ou de chance.

Un mélange particulièrement « savoureux »

Ainsi se serait formée, grâce à la présence et aux interactions des océans, de l'atmosphère, des roches des continents, du Soleil et des sources hydrothermales, un mélange particulièrement « savoureux ». Et prometteur.

L'idée est séduisante mais pèche encore par manque de réalisation convaincante et les essais menés en laboratoire pour recréer la « soupe primitive » ont encore trop souvent un goût amer. Des molécules « primitives » se sont bien élaborées dans quelques éprouvettes. Mais comment passer du très simple au très compliqué ? Deux solutions.

La première est de faire appel à des interventions extérieures. Comme par exemple des astéroïdes, des comètes ou même… des extraterrestres. Il est vrai que des molécules complexes ont été retrouvées dans des objets venus de l'espace. Soit cela accrédite la thèse que la vie existe ailleurs que sur la planète Terre (mais cela ne nous explique pas comment la vie est née), soit cela signifie que la soupe primitive terrienne, unique en son genre, a pu être « pimentée » par l'espace pour éventuellement « prendre ».

La seconde solution est de se concentrer sur l'intérieur. D'appeler à la rescousse la chimie, la physique, la biologie, l'archéologie… Ainsi, la nature connaît naturellement la bulle. Comme celle de savon. Une émulsion simple, fragile et éphémère. Mais la formation d'une bulle contient en elle les prémices de la cellule. Une membrane séparant un intérieur d'un extérieur. Si cette membrane devient plus solide, cet intérieur peut travailler « à l'abri » de l'extérieur. Ce qui est le propre d'une cellule et la base de la vie, qu'elle soit animale ou végétale.

« Soupe primitive »

Notre meilleur allié dans la recherche de l'origine de la vie est donc le plus simple des organismes indépendants : la bactérie. On en trouve partout, des glaces des pôles jusqu'à des sources très chaudes et à des milliers de mètres sous la surface des océans. Certaines savent aussi résister à la radioactivité. On estime qu'elles sont apparues il y a quelque 3,5 milliards d'années. Utilisant le soufre, le fer, l'azote, le carbone, l'eau et la lumière solaire, elles sont certainement responsables de la formation de l'atmosphère (riche en oxygène) que nous connaissons.

Mais bien qu'apparemment simple, une bactérie « de base » est en fait déjà très complexe. Une membrane résistante, capable d'accueillir des cils ou de se transformer en spore, un ou deux chromosomes, une « centrale » énergétique… Parmi toutes les bactéries, l'étude des archéobactéries, découvertes dans la deuxième moitié du XXe siècle, a suscité bien des espoirs. Car au fond des océans se trouvent des sources hydrothermales sous-marines dégageant à la fois chaleur et éléments chimiques simples. Des conditions qui pourraient avoir été celles régnant sur la Terre il y a 3,5 à 3,8 milliards d'années. Et des bactéries vivantes ont été trouvées dans ces milieux profonds, bouillants et très peu accueillants. De plus, des traces fossiles de micro-organismes ont été retrouvées dans des roches volcaniques d'origine hydrothermale datées de 3,2 milliards d'années. Les archéobactéries d'aujourd'hui pourraient être ce qui ressemble le plus aux débuts de la vie.

Ainsi, la « soupe primitive », hasard ou nécessité, aurait « accouché » de ces cellules qui au fil du temps se seraient complexifiées, auraient appris à s'entraider, à bâtir des organismes… Mais tout cela reste bien hypothétique et contesté. Car comment passer de la roche, du carbone, de l'azote, de l'eau aux protéines, aux sucres ou aux graisses ? Et comment réaliser le tour de force de synthétiser les molécules de l'hérédité, beaucoup plus complexes ?

Il est vrai que les échelles de temps en jeu sont très différentes. Si la distance nous séparant de l'apparition de la vie était d'un kilomètre, l'*Homo* n'y apparaîtrait que dans les trois derniers mètres. Et l'homme moderne dans les cinq derniers centimètres. Et si l'on connaît quelques segments de ces premiers 999 mètres, bien du travail reste à accomplir…

86

QU'Y A-T-IL DANS L'ŒIL D'UN CYCLONE ?

Il est synonyme de calme, mais de calme trompeur. L'expression courante, « être dans l'œil du cyclone », ne se trompe pas, elle. C'est bien le calme après la tempête mais c'est aussi le calme avant le retour de la tempête. Un retour brutal et paroxystique avec des vents soufflant à de folles vitesses dans le sens inverse de ceux qui se déchaînaient avant que l'œil ne ramène un calme provisoire. Les spécialistes s'intéressent de plus en plus à cette zone centrale des cyclones. Car c'est elle qui pourrait conditionner la marche des cyclones. Et on ne sait toujours pas prévoir complètement leur trajectoire ni leur intensité.

Un cyclone, ou hurricane, ouragan, typhon, est une forte dépression tropicale qui naît au-dessus de la mer lorsque celle-ci affiche des températures de surface supérieures à 26 °C sur plusieurs dizaines de mètres de profondeur. La faible pression et l'évaporation vont conduire à la formation de gigantesques nuages à forte ascendance verticale. Le jeu des hautes et basses pressions, anticyclone et dépression, va mettre en mouvement cet amas nuageux qui mesure de 500 à 1 200 km. La rotation de la Terre crée la force de Coriolis, qui fait que les masses nuageuses vont se mettre à tourner dans le sens inverse des aiguilles d'une montre dans l'hémisphère Nord, et dans le sens des aiguilles d'une montre dans l'hémisphère Sud. La force de Coriolis va également influer sur la trajectoire de la tempête : si elle voyage d'est en ouest, elle sera ainsi progressivement décalée vers le nord.

Ce mouvement tournant crée au centre de l'amas une zone appelée œil, large de 40 km en moyenne (de 20 à 100 km). Il a la forme d'un entonnoir, plus large en haut qu'en bas, entouré d'une muraille nuageuse qui monte jusqu'à 14 à 18 km de hauteur. À l'intérieur de l'œil, le vent est faible et le ciel peu nuageux. C'est dans le mur de nuages qui l'entoure que règnent les conditions les plus infernales du cyclone, vents violents et précipitations diluviennes.

Les cyclones tropicaux très intenses ont des vents supérieurs à 210 km/h avec des rafales dépassant 330 km/h. La vitesse record du vent mesurée au sol a été de 370 km/h. Alors que la pression atmosphérique « normale » est de 1 013 (hectopascals) hPa, les plus basses pressions relevées dans l'œil de cyclones ont été parfois en deçà de 900 hPa. Le record est détenu par le typhon Tip, dans le nord-ouest de l'océan Pacifique, dont la pression centrale mesurée le 12 octobre 1979 était de 870 hPa, créant des vents maximums soutenus de 305 km/h.

90 cyclones par an sur la planète

Pour les cyclones de l'Atlantique, c'est l'ouragan Gilbert qui détient le record de pression la plus basse mesurée avec ses 888 hPa le 13 septembre 1988, vingt-quatre heures après avoir dévasté la Jamaïque. Ses vents soutenus ont été estimés à 295 km/h. Gilbert détient également un autre record de l'hémisphère Nord, puisque sa pression atmosphérique a chuté de 72 hPa en vingt-quatre heures. Le record mondial est détenu par le super-typhon Forrest, dans le nord-ouest du Pacifique, qui a vu sa pression passer de 976 à 876 hPa (creusement de 100 hPa) en à peine vingt-quatre heures en septembre 1983. Les vents sont ainsi passés de 120 km/h à 285 km/h.

Des chercheurs de l'université de Washington, à Seattle, ont récemment élucidé un phénomène clé pour comprendre comment évoluait l'intensité d'un cyclone. En étudiant les images radar du cyclone Rita, ils ont pu mettre en évidence le cycle de renouvellement du mur entourant l'œil. Un mur extérieur se forme progressivement, tandis que le mur intérieur s'affaiblit. Les vents diminuent ainsi temporairement avant de se renforcer à nouveau quand le mur extérieur vient prendre la place du mur intérieur. Les chercheurs ont pu développer un modèle permettant des simulations informatiques des changements d'intensité des cyclones. Un outil qui devrait permettre de mieux prévoir leur devenir.

Il y a en moyenne 90 cyclones par an sur la planète. Leur nombre est globalement stable depuis quelque trente-cinq ans. Mais des changements sont apparus dans leur intensité. Ainsi, le nombre et la proportion de gros et très gros ouragans (catégories 4 et 5) ont presque doublé depuis 1970 dans le Pacifique nord, le Pacifique sud-ouest et l'océan Indien. En revanche, en Atlantique nord, le nombre de cyclones a nettement augmenté depuis 1995. Par exemple, en 2004, la Floride a essuyé sa pire saison depuis cent dix huit ans avec quinze ouragans dont six majeurs (force de 3 à 5). Et en 2005, trois cyclones de force 5 (Katrina, Rita et le plus puissant, Wilma) ont touché le golfe du Mexique en quelques semaines.

Nombre de climatologues voient là une conséquence du changement climatique planétaire. La température de l'eau dans les zones tropicales des cinq bassins océaniques où se forment les cyclones a augmenté en moyenne de 0,5 °C entre 1970 et 2004. La naissance des cyclones étant largement tributaire de la température de l'eau, il n'est pas illogique de penser que le réchauffement aura une influence sur les cyclones. Nul doute qu'il faudra continuer, plus que jamais, à les avoir à l'œil.

87

QU'Y AVAIT-IL AVANT LE BIG BANG ?

Rien n'est plus paradoxal que la théorie du big bang. À commencer par son nom, qui fit beaucoup pour sa popularisation. Pourtant, il fut « inventé » en 1950 par l'un de ses principaux détracteurs. C'est le Britannique Fred Hoyle qui, pour se moquer de l'un des pères du big bang, le Belge Georges Lemaître, le surnomma « Big Bang Man ». Autre ironie de l'histoire, Georges Lemaître était prêtre. Les lumières cosmologiques qui éclairent aujourd'hui, même si ce n'est encore que partiellement, notre connaissance de l'univers, viennent ainsi d'un homme d'Église. Big bang et Bible sont donc compatibles.

Autre paradoxe du big bang, il est le seul moyen d'ordonner rationnellement toutes les connaissances que nous avons amassées sur l'Univers et son histoire, et il est confirmé par les plus récentes observations. Mais il est très difficilement « visualisable ». Ce qui, d'un autre côté, en fait un terrain de prédilection pour la recherche et les esprits curieux. Et ce, sans doute, pour encore de très nombreuses années.

Comment en est-on arrivé à cette théorie ? Le pas décisif est franchi au début du XXe siècle. Jusque dans les années 1920, on pensait que l'Univers était statique et immuable. Les observations de l'astronome Edwin Hubble montrent qu'au contraire il est en mouvement. Les galaxies s'éloignent les unes des autres (on sait maintenant que leur vitesse d'éloignement augmente constamment). L'Univers est donc en expansion. Et s'il grandit, c'est donc qu'il était plus petit par le passé. En remontant le temps, on peut penser qu'à un moment la totalité du cosmos était concentré en un seul point. On estime aujourd'hui que c'était il y a 13,7 milliards d'années.

L'instant zéro est inaccessible

Mathématiciens, physiciens, astrophysiciens se mirent au travail pour élaborer des équations et des modèles. Einstein, le créateur de la théorie de la relativité générale, a affiné les équations gouvernant les propriétés physico-géométriques de l'Univers. Alexandre Friedmann a élaboré les solutions non statiques de ces équations et décrit la variation temporelle de l'espace, en proposant également son possible commencement dans une « singularité ». Georges Lemaître a, lui, relié l'expansion théorique de l'espace au mouvement observé des galaxies, et jeté les bases physiques de ce qui allait devenir le big bang.

Car, pendant toutes ces années, on ne parle pas encore de théorie du big bang. Il faut attendre les années 1960 pour que la théorie apparaisse au grand jour. D'autant que, fortuitement, est découverte sa première confirmation concrète. En 1965, Arno Penzias et Robert Wilson, deux jeunes radioastronomes aux Bell Labs dans le New Jersey, s'amusent à enregistrer les « bruits » de l'Univers. Et ils découvrent un fond diffus radioélectrique présent dans toutes les directions de la voûte céleste (ce qui leur vaudra le prix Nobel en 1978). Il représente par exemple 1 % de la « neige » sur les écrans de télévision. Cet infime murmure radio est un rayonnement fossile du cosmos qui correspond à ce qui se serait passé 380 000 ans après le big bang. Il s'agit du « premier cri » de l'univers. En 1992, le satellite Cobe (*Cosmic Background Explorer*) prouve que la température de ce rayonnement varie très faiblement en fonction de sa place dans l'Univers comme le prévoyait la théorie, et dresse une première carte de ces variations. Depuis 2008, le satellite européen Planck le scrute encore plus précisément, ses instruments pouvant détecter des variations au millionième de degré (dix fois mieux que les instruments précédents).

Au moment du big bang, la matière que nous connaissons aujourd'hui n'existait pas. On pense que l'Univers était alors un brouillard très chaud de particules. Les atomes, a fortiori les molécules, n'étaient pas encore formés. Les premiers à se former le seront trois minutes après le début de l'expansion, affirment les équations.

Le problème des scientifiques est que, plus on se rapproche du point zéro, moins on peut savoir ce qui se passe. D'ailleurs, certains soutiennent, un peu malicieusement, qu'il n'y a pas d'instant zéro. Plus on remonte dans le temps, plus l'univers est petit. Mais sa dimension n'est jamais nulle. L'instant zéro est donc inaccessible. Ce qui prouve qu'il n'existe pas.

Cela apporte de l'eau au moulin de ceux qui soutiennent que, avant le début de la phase d'expansion de l'Univers, il n'y a… rien. Le temps n'a même pas commencé à s'écouler. Mais rien est déjà quelque chose. Nous ne saurions simplement pas comment le décrire. Une théorie, un peu en perte de vitesse aujourd'hui, voyait l'Univers engagé dans un cycle éternel alternant expansion et rétrécissement. Il gonflerait jusqu'à un certain point, puis dégonflerait pour se ratatiner en un seul point jusqu'au moment où un nouveau big bang le ferait de nouveau grandir. Mais quand ce cycle aurait-il commencé ?

88

QUELLE EST LA TEMPÉRATURE LA PLUS BASSE ?

Le record de la température la plus basse jamais enregistrée sur Terre daterait de 1983, quand -89,2 °C ont été mesurés en Antarctique. Le record français est, lui, de -41 °C relevés dans le Doubs en 1985. Le froid le plus redoutable qui a régné en Polynésie française est, lui, de… 2,3 °C. Mais la température la plus basse qui puisse exister est de… -273,16 °C. On ne pourra jamais descendre en dessous. C'est l'une des particularités de la température que d'avoir une limite de froideur, mais pas de limite de chaleur. Des températures de plusieurs millions de degrés existent.

La température est une grandeur physique qui caractérise de façon objective la sensation, elle subjective, de chaleur ou de froid. Historiquement, au fur et à mesure du développement des connaissances et des techniques, il fallut à un moment donné pouvoir définir la température plus précisément que par très froid, froid, tiède, chaud ou très chaud. C'est au XVIIIe siècle que furent inventées les échelles de température. Deux subsistent aujourd'hui. Il s'agit de celle inventée en 1742 par Anders Celsius, un physicien et astronome suédois, et de celle mise au point en 1714 par Daniel Gabriel Fahrenheit, un physicien allemand. Le Celsius est notre degré de tous les jours tandis que le Fahrenheit est celui des Américains.

Anders Celsius a élaboré un thermomètre à mercure en se fondant d'une part sur le point d'ébullition de l'eau et d'autre part sur son point de congélation. Et il a divisé l'intervalle entre ces deux températures en 100°.

De son côté, Fahrenheit va réaliser une échelle très semblable sur un thermomètre à mercure mais en plaçant son 0° ailleurs. Il fixera sa place à partir d'une température très basse observée dans sa ville natale, Dantzig, en 1714. Ce qui fait que le point de fusion de la glace est à 32 °F, la température du corps est de 96 °F et le point d'ébullition de l'eau est à 212 °F.

Cette échelle de température sera vite adoptée en Allemagne, aux Pays-Bas et en Angleterre. Elle a un indéniable avantage psychologique : même au cœur de l'hiver, les températures restent pratiquement toujours positives. À noter qu'un degré Fahrenheit n'est pas équivalent à un degré Celsius puisqu'il y a 180 divisions entre 32 °F et 212 °F, contre 100 entre 0 °C et 100 °C. D'où une formule un peu compliquée pour passer de l'un à l'autre. Ainsi, pour passer des Celsius aux Fahrenheit, il faut multiplier par 9, diviser par 5 et soustraire 32.

Définition plus précise

Pour tout ce qui était à l'époque météorologie ou métallurgie par exemple, ces échelles de température étaient bien suffisantes. Mais là encore, avec l'accroissement des connaissances et le développement de technologies toujours plus exigeantes, elles devinrent trop imprécises et surtout trop éloignées des réalités atomiques.

C'est ainsi que fut créée une troisième échelle de température, le Kelvin. Elle provient des travaux d'un physicien britannique, William Thomson. Titulaire à 22 ans de la chaire de physique de l'université de Glasgow, il sera anobli, devenant sir William Thomson, puis fait pair du royaume, devenant lord Kelvin. C'est lui qui a « prouvé » qu'il existait un zéro absolu. Qui est la situation où atomes et molécules ne bougent plus, ne vibrent plus. Sont absolument immobiles.

C'est ainsi que l'échelle de température Kelvin (où un Kelvin est égal à 1 °C, ce qui veut dire qu'elle est « simplement » décalée de 273°) est devenue le thermomètre scientifique.

Actuellement, le Kelvin est défini comme étant la 1/273,16 partie de la différence de température entre le zéro absolu et le point triple (liquide, solide et gazeux) de l'eau très pure sous certaines conditions de pression. Et c'est là que le bât blesse. Car à chaque fois qu'une définition plus précise du Kelvin (on ne dit pas « degré Kelvin ») est demandée, cette situation physique particulière doit être reproduite.

Heureusement, la nature fait bien les choses. Elle recèle des éléments constants. Comme la constante dite de Boltzmann, qui associe l'énergie cinétique d'un ensemble de particules microscopiques, telles que les molécules d'un gaz, à sa température. Un trait d'union constant entre le monde atomique et le nôtre. Il « suffit » donc de mesurer cette constante avec assez de précision pour donner une définition inattaquable de la température. Beaucoup d'équipes scientifiques travaillent à élaborer des méthodes de mesure de plus en plus précises.

89

À QUOI RESSEMBLERAIT LA TERRE SANS LES HOMMES ?

Avec ses bientôt 7 milliards de personnes, l'humanité s'est installée en tant qu'incontestable espèce dominante de la Terre. Et sa présence, ses activités ont façonné durablement la planète et tous ses écosystèmes. L'industrie, l'agriculture, le logement, les transports, la pêche..., la moindre activité humaine a un impact sur la Terre.

Pendant longtemps, son immensité a pu amortir, absorber, diluer et finalement « digérer » ces activités pour éviter qu'elles ne modifient son visage, ses cycles. Mais aujourd'hui, la mécanique terrestre n'échappe plus à l'impact humain : il est trop important pour être digéré. Il faut dire que l'on estime que l'homme contrôle près de 40 % de la productivité globale de la planète. Et que tous les scénarios sur l'avenir de la planète où l'impact de l'homme se réduit concluent à une amélioration. La Terre n'est donc pas domestiquée. Elle est simplement exploitée. Voire parfois surexploitée.

Bien sûr, l'humanité reste peu de chose devant de nombreux phénomènes naturels. Les catastrophes qui s'enchaînent, tempêtes, ouragans, tremblements de terre, éruptions volcaniques, tsunamis, inondations sont là pour nous le rappeler. Et la nature n'a pas attendu l'homme pour alterner les cycles glaciaires, pour faire varier le niveau des mers, pour faire disparaître des espèces. Des six grandes extinctions dont nous avons pu retrouver les traces, l'une a conduit à la disparition de 90 % des espèces, une autre à l'extinction des dinosaures (laissant le champ libre aux mammifères).

Les rats, maîtres du monde

Il n'en reste pas moins que si l'homme, par un coup de baguette magique, disparaissait de la Terre, les premiers à en bénéficier seraient les animaux. Et bien sûr les quelque 15 500 espèces menacées d'extinction. La principale cause de ces disparitions est la perte de l'habitat naturel. Là, les animaux pourraient en retrouver de vastes.

Mais la situation ne redeviendrait pas comme avant. Car l'homme a modifié quelque chose en profondeur. Il a ainsi, parfois volontairement, parfois non, déplacé des espèces d'un continent à l'autre. Les douze couples de lapins introduits en Australie pour le plaisir d'un Britannique nostalgique, et qui s'étaient échappés à la suite d'un incendie, sont devenus 600 millions en un demi-siècle et ont colonisé 60 % du territoire.

Les espèces invasives, animales ou végétales, sont plusieurs centaines dans le monde. Et parviennent à supplanter des espèces indigènes. A contrario, certaines espèces protégées car très menacées que l'homme a réussi à faire survivre en petit nombre dans des sanctuaires, risqueraient de s'éteindre complètement si ses conservateurs disparaissaient. Et il y a fort à parier que l'espèce dominante chez les mammifères soit les rongeurs. Rats et souris, nouveaux maîtres du monde…

On le sait, l'autre grand impact des activités humaines sur la Terre est lié au climat. Les fortes émissions de dioxyde de carbone venues de la combustion des énergies fossiles ont « emballé » l'effet de serre. En lui-même, celui-ci est une bénédiction qui a permis l'éclosion de la vie. Mais fournir à l'atmosphère de grandes quantités de gaz carbonique revient à jeter des pelletées de charbon dans une chaudière : la température monte.

Reconquête

De nombreuses études sont d'accord pour estimer que même si toute émission humaine de gaz carbonique cessait aujourd'hui, le réchauffement climatique continuerait pendant au moins un siècle. Et cette élévation de la température moyenne entraîne des modifications du climat, plus froid par ici, plus chaud par là. Avec une amplification de phénomènes tels que précipitations, tempêtes, etc.

Si l'homme disparaissait de la surface de la Terre, combien d'années faudrait-il à la nature pour effacer toute trace visible de sa présence ? La vitesse à laquelle les systèmes naturels peuvent retrouver leur vitalité et « reconquérir » leur espace est étonnante. Deux exemples l'ont prouvé.

Le premier concerne les suites de la marée noire de l'*Amoco Cadiz*, en 1978. Le suivi des plages et des eaux côtières a montré que la mer avait complètement nettoyé et digéré les boulettes de pétrole beaucoup plus vite qu'on ne le pensait. Le second exemple est la ville de Pripiat, en Ukraine, fortement contaminée par l'explosion d'un réacteur nucléaire de la centrale de Tchernobyl et abandonnée il y a vingt ans. Cette zone interdite est loin d'être un désert nucléaire. La faune et la flore y sont remarquablement développées. Après une « explosion » de la population de rongeurs, les prédateurs, comme le loup, ont fait leur apparition. Les bâtiments de la ville ont été « attaqués » par les végétaux dont les racines plongent dans le béton. Ce processus de destruction est lent mais il finira par « dissoudre » Pripiat. Effacer les traces de l'homme sur la planète prendrait plusieurs milliers d'années. Mais la Terre y arriverait.

90

À QUELLE TEMPÉRATURE L'EAU ENTRE-T-ELLE EN ÉBULLITION ?

L'eau nous en fait voir de toutes les couleurs. Sous son apparente simplicité se cachent de véritables casse-tête pour les scientifiques. Et quand elle se met dans tous ses états, elle est capable de prouesses exceptionnelles. Elle s'est ainsi récemment révélée capable de se transformer en glace à des températures supérieures à celles qui règnent à l'intérieur du soleil.

C'est dans la «Z machine» des laboratoires Sandia d'Albuquerque que les chercheurs ont eu la surprise de voir apparaître ces glaçons ultrachauds en soumettant de l'eau à des pressions supérieures à 70 000 atmosphères. On connaissait déjà onze autres moyens de faire de la glace en faisant varier les températures et les pressions. On est loin des trois phases de l'eau que nous, pauvres mortels, connaissons, la solide, la liquide, la gazeuse. Et on est toujours incapable de prédire exactement comment l'eau va se comporter dans des conditions extrêmes. Mais nul besoin d'instruments aussi sophistiqués que la «Z machine» pour qu'elle se révèle insaisissable. Ainsi, la détermination de son point d'ébullition n'est pas aussi simple qu'il y paraît.

«L'eau bout à 100 °C à la pression atmosphérique normale», nous a-t-on appris. Pourquoi l'eau bout-elle à 100° et gèle-t-elle à 0° ? Parce que c'est ainsi qu'au début du XVIIIe siècle le Suédois Anders Celsius a défini son échelle de température. D'ailleurs, au départ, le 0 de son échelle marquait le point d'ébullition et le 100 le point de congélation. C'est Linné, en 1745, qui proposa d'inverser l'échelle. Et les degrés de température ne devinrent internationalement Celsius qu'en 1948.

Entre ces dates, la température d'ébullition de l'eau fit couler beaucoup d'encre. Un scientifique anglais de l'University College London, Hasok Chang, s'est amusé à revisiter l'histoire de la détermination de ce point d'ébullition (Endeavour, mars 2007). Il fait partir son récit des rues de Genève, dans les années 1770. Là, Jean-André de

Luc, un savant suisse de l'époque – météorologue, physicien, géologue, théologien et homme d'affaires –, parcourt les rues en agitant une flasque d'eau munie d'un thermomètre scellé. Son but : extraire tout l'air dissous dans l'eau. Comme beaucoup d'autres, il est à la recherche de ce qu'il appelle la « vraie ébullition ». Pendant quatre semaines donc, il agite sa flasque toute la journée. Et constate alors que cette eau « dégazéifiée » se vaporise à… 112 °C.

Cinq ans plus tard, il fait partie à Londres d'un comité chargé par la Royal Society de faire des recommandations définitives pour fixer les points de référence des thermomètres. Les sept membres de ce comité examinent donc toutes les causes susceptibles de faire varier la température d'ébullition de l'eau. Et devant la kyrielle d'éléments « perturbateurs », pression, impuretés, air, source de chaleur, le comité décide de prendre pour température de référence celle de la vapeur d'eau au-dessus de l'eau bouillante. Même si la température de cette dernière est de 103°, 105° ou 110°, la vapeur est toujours, à quelques dixièmes près, à 100.

« La chambre à brouillard »

C'est le physicien et chimiste français Joseph-Louis Gay-Lussac qui, en 1810, rouvre les hostilités sur le front de la température d'ébullition de l'eau en mettant en évidence les « effets de surface ». Il montre que suivant la nature du récipient, verre (101,2°) ou métal (100°) par exemple, toutes choses étant égales par ailleurs, la température d'ébullition change. De nombreux chercheurs s'amusèrent, par la suite, à obtenir des températures d'ébullition de plus en plus hautes, allant même jusqu'à 200°. Heureusement, la température de la vapeur de l'eau bouillante restait fermement accrochée aux 100°.

Mais bientôt, il fut démontré que, là aussi, la température pouvait varier. Le météorologue écossais John Aitken montra que la vapeur pouvait être « sursaturée » et être à une température inférieure au point d'ébullition sans pour autant se condenser. Et Aitken pointe du doigt l'importance des poussières présentes dans l'air, qui aident à déclencher la condensation. Des phénomènes qui sont au cœur de l'apparition des brumes, brouillards, nuages... Et qui ont permis à Charles Wilson d'inventer, en 1912, la « chambre à brouillard », outil d'étude des particules physiques. Quand une particule traverse cette chambre remplie de vapeurs sursaturées, son trajet apparaît car la particule déclenche une condensation tout au long de son chemin.

Toutes ces études ont donc montré que la température d'ébullition de l'eau n'était pas fixe et qu'elle ne bout que rarement à 100°. Paradoxe, ces mesures ont été effectuées avec des thermomètres « réglés » sur cette température fluctuante. C'est que ces études ont également montré qu'en respectant certaines condition, on pouvait obtenir des températures reproductibles. Et donc étalonner les thermomètres. La boucle est bouclée.

91

OÙ VA L'EAU DE MER À MARÉE BASSE ?

Cette question agite les esprits depuis la nuit des temps. Mais où va donc l'eau de mer à marée basse ? On se la pose encore aujourd'hui. Et, souvent, les réponses apportées sont aussi fantaisistes qu'au temps où le phénomène gardait tout son mystère. On pense souvent que les marées marchent comme dans un verre d'eau : si on l'incline, le niveau monte d'un côté et baisse de l'autre. Une marée haute à Brest se traduirait donc par une marée basse du côté de New York. Ce n'est bien sûr pas le cas. En revanche, lors une marée haute à Brest, il y aura aussi théoriquement une marée haute au point diamétralement opposé de la planète (à Wallis-et-Futuna).

C'est que la « mécanique » d'une marée est en théorie assez simple. Du moins pour nous. Le grand Galilée, par exemple, qui a tant fait avancer la science dans de nombreux domaines, affirmait ainsi en 1616 que, s'il y a des marées, c'est que la Terre tourne sur elle-même. Or ce n'est pas le cas : elle tourne bien sûr, mais ce n'est pas ce mouvement qui engendre les marées. C'est Newton, presque un siècle plus tard, qui trouvera la bonne solution avec les prémisses de la loi de la gravitation universelle : les corps s'attirent. Et c'est donc à la Lune et au Soleil que l'on doit les marées. S'ils sont du même côté de la Terre ou diamétralement opposés, il y aura marée haute. S'ils sont situés à 90° l'un de l'autre, cela donne une marée basse. On peut donc, le plus souvent, calculer la hauteur de marée à un endroit précis et à une date donnée.

Différences de hauteur

Dans le détail, cependant, le phénomène est bien plus compliqué. Les marées peuvent ainsi être plus ou moins marquées. On pense par exemple souvent qu'il n'y en a pas en Méditerranée. Pourtant elles existent bien, même si elles sont faibles, de l'ordre d'une quarantaine de centimètres. Cela est dû au fait qu'il s'agit d'une mer quasi intérieure, faite d'une succession de bassins séparés par des seuils, qu'elle est reliée à l'océan Atlantique par le détroit de Gibraltar, orientée est-ouest et peu large. Donc ne favorisant pas les déplacements de grandes masses d'eau.

L'Atlantique compte, en revanche, quelques-unes des plus grandes marées du monde. Par exemple au Canada à la baie de Fundy ou au Mont Saint-Michel. Le retrait de la mer peut y atteindre 12 kilomètres et la différence de hauteur de l'eau entre marée haute et marée basse peut s'élever jusqu'à 12 mètres. La marée y apparaît plus importante qu'ailleurs en raison de sa position. Au Mont Saint-Michel, l'onde de marée qui arrive du large est réfléchie par la presqu'île du Cotentin qui ajoute donc un effet supplémentaire à la marée qui arrive directement autour de la célèbre île. De plus, tout ce golfe, au fond duquel se niche le Mont, est de faible profondeur (35 mètres), ce qui renforce encore l'onde de marée.

Car il faut bien parler d'onde. Les marées ne sont pas à proprement parler des déplacements d'eau. Elles sont en fait des différences de hauteur d'eau. Même s'il est vrai que les courants de marées, aussi bien dans le sens ascendant que descendant, peuvent être importants, atteignant jusqu'à 10 nœuds, soit un peu moins de 20 km/h. Sur nos côtes, les marées hautes et basses sont séparées d'un peu plus de 6 heures. S'il fallait que l'eau se déplace à travers l'Atlantique, en six heures, elle ne parcourrait que 120 kilomètres... Loin des quelque 5 400 km qui séparent Brest de New York. Et si une goutte d'eau salée peut bien faire le tour du monde à travers les océans, ce n'est pas à cause du mouvement apparent de l'eau sur les côtes mais bien grâce à la magie des courants océaniques. Et si une bouteille à la mer peut voyager sur de grandes distances, ce n'est pas forcément dû à un déplacement de l'eau, mais plutôt à ce qui peut contrarier les marées, en l'occurrence les vents. Ceux qui créent les vagues, sauf dans le cas des séismes sous-marins qui peuvent créer les tsunamis. Ceux-là sont imprévisibles.

Quand les influences conjuguées de la Lune et du Soleil pèsent sur les étendues d'eau, elles vont, en quelque sorte, les soulever avec d'autant plus d'intensité que leur masse est importante. Comme le dit la loi de Newton : plus les corps qui s'attirent sont « gros », plus forte est l'attraction. C'est donc ce soulèvement momentané de l'eau, puis le fait qu'elle retombe, qui donne naissance à l'onde de marée qui, elle, voyage à 600 km/h. Et la longueur d'onde de la marée, la durée de temps et de distance entre son point haut et son point bas, est bien plus importante que celle d'une vague.

Conclusion : à marée basse, l'eau ne va nulle part. L'océan, pourrait-t-on dire, gonfle et dégonfle. L'eau baisse et monte simplement avec quelques mouvements sur les côtes dus à ces changements de hauteur. Des mouvements, les marées, qui restent souvent spectaculaires.

92

POURQUOI LE CAOUTCHOUC EST-IL ÉLASTIQUE ?

Eh non, le caoutchouc n'est pas naturellement élastique. Il peut être mou, malléable, mais ne reprend pas sa forme originelle quand on le déforme. Et c'est grâce à un accident qu'a été découvert le procédé lui donnant l'élasticité. Une invention qui ne fit pas le bonheur de son auteur, mais rendit riches ses descendants.

Pendant des siècles, la propriété principale du caoutchouc a été son imperméabilité. C'est ainsi que les civilisations précolombiennes d'Amérique du Sud fabriquaient déjà des balles, des chaussures, des vestes et des capes imperméables en caoutchouc. Que les conquistadors espagnols essayèrent en vain de copier. L'heure du caoutchouc n'avait pas encore sonné.

À cette époque, la seule source de caoutchouc était végétale. Il était recueilli sur certaines plantes produisant un liquide blanc laiteux, le latex. Le terme de *caoutchouc* vient d'ailleurs des mots indiens cao, « bois », et tchu, « qui pleure ». Les plus répandus de ces arbres sont les hévéas (*Hevea brasiliensis*).

Mais d'autres plantes en produisent, comme le guayule (*Parthenum argentatum*) du Mexique ou le pissenlit russe (*Taraxacum koksaghyz*) du Turkestan. Leur latex est moins pur que celui de l'hévéa, car il contient des résines qu'il faut séparer du caoutchouc avant de l'utiliser. Aujourd'hui, la quasi-totalité du caoutchouc naturel est produite dans des plantations situées en Asie du Sud-Est. Le latex recueilli par entaille du tronc des hévéas est filtré, dilué à l'eau et traité par un acide pour faire coaguler les particules de caoutchouc en suspension. Puis il est pressuré entre des rouleaux pour en faire des plaques ou des feuilles.

Si le caoutchouc est extensible, c'est que les molécules qui le composent sont elles-mêmes extensibles. Chaque molécule, composée principalement de carbone et d'hydrogène, est de forme allongée et enroulée sur elle-même. Si on la saisit par ses deux extrémités et que l'on tire, on peut la dérouler. Quand on la lâche, elle reprend sa forme initiale.

Goodyear et la vulcanisation

Mais ces propriétés restent individuelles : lorsque l'on malaxe du caoutchouc, les molécules se déplacent mais ne reviennent pas à leur position initiale. Le caoutchouc brut est comme un plat de spaghettis. Pour que le matériau devienne élastique – il se déforme sous contrainte et reprend sa dimension initiale quand cesse la contrainte –, il faut lier entre elles ses molécules.

C'est ce qui fit, par accident, Charles Goodyear, en 1839. Depuis plusieurs années, il cherchait un moyen de rendre le caoutchouc plus dur. Un jour, il renversa, sans le vouloir, un récipient de caoutchouc mélangé à du soufre sur une plaque chauffante. Et s'aperçut que le matériau était devenu dur mais élastique. La vulcanisation était née. Les molécules de soufre, sous l'effet de la chaleur, vont créer des liens entre les molécules extensibles du caoutchouc. Ainsi, les molécules peuvent s'étirer jusqu'à un certain point, mais les liens établis par le soufre les ramènent toujours à leur point de départ. Le dosage du soufre est essentiel : trop de soufre tue l'élasticité ; pas assez et la cohésion est insuffisante, la durée de vie du matériau étant alors raccourcie. Le procédé prit le nom de *vulcanisation*, forgé à partir du nom du dieu Vulcain, maître du feu et du métal dont la forge était censée être sous l'Etna, en Sicile.

Les caoutchoucs ne sont pas les seuls matériaux à être doués d'élasticité, mais ce sont les plus doués. Un ressort d'acier, par exemple, ne peut subir un allongement de plus de 10 % de sa longueur. En revanche, les caoutchoucs peuvent s'allonger couramment jusqu'à 500 % et dans certains cas, jusqu'à 1 000 %. On parle alors d'hyperélasticité.

Le caoutchouc n'a vraiment pris son essor « grand public » qu'au XIXe siècle. Et si Charles Macintosh, avec son procédé d'imperméabilisation des tissus et la confection des premiers imperméables en 1823, ou Thomas Hancock avec ses matelas en toile caoutchoutée en 1830, firent rapidement fortune, Goodyear, inventeur de la vulcanisation, mourut criblé de dettes. Ce n'est qu'après sa mort que les brevets afférents à ses inventions furent délivrés. Et ses descendants fondèrent la marque de pneus qui porte son nom. En 1870 apparurent les premiers préservatifs à base de latex et en 1888 les premiers pneumatiques pour vélo, mis au point par John B. Dunlop. Quatre ans plus tard apparaissaient les premiers pneumatiques démontables pour vélos et autos grâce à André et Édouard Michelin. Ils ont fait bien du chemin depuis.

93

POURQUOI CERTAINES PLANTES MANGENT-ELLES DE LA VIANDE ?

De tout temps, elles ont fasciné. De tout temps, elles ont été craintes. Et ont suscité les fantasmes les plus extrêmes du cannibalisme, comme « l'arbre de Madagascar » qui était censé, au XIXe siècle, être capable de dévorer des humains. Il est vrai que certaines plantes carnivores ne sont pas si petites que cela (leurs feuilles pièges peuvent atteindre 30 cm de diamètre) et que leurs « épines » sont plus rusées et dangereuses que celles des roses. Ce sont tout de même elles qui ont « inventé » le papier tue-mouches. Mais une plante qui a besoin de manger de la viande pour vivre ne semble pas si

« naturelle ». Produit normal de l'évolution, croisement entre végétal et carnivore, animal déguisé en plante, aberration de la nature, beaucoup de questions restent ouvertes sur l'origine de leur existence... Dont celle-ci : pourquoi n'y en a-t-il pas plus ? On sait au moins une chose : le « responsable » est... l'azote.

Ces plantes seraient apparues parce qu'elles ont été obligées de s'adapter à des milieux, souvent aquatiques, très pauvres en nutriments. Elles ont donc dû trouver d'autres sources d'éléments indispensables à leur croissance pour avoir des repas complets. Une plante « normale » obtient sa nourriture par ses racines et son énergie par la photosynthèse. Et dans ses repas, l'azote est un composant très important pour la composition des « briques » constitutives des cellules, en particulier les acides aminés, pour les protéines.

À défaut d'azote minéral, il faut se tourner vers un azote d'origine animal, donc déjà transformé et plus facilement accessible pour les « circuits » du végétal. La particularité de ces carnivores « vertes » est qu'elles possèdent à la fois le système utilisé par les plantes (mais un peu moins efficace) et aussi celui utilisé par les animaux carnivores (la digestion). Ainsi, elles apprécient les insectes, qui sont les premiers à succomber à leurs charmes, mais elles ne détestent pas à l'occasion s'offrir des larves, des vers, un petit batracien, voire de petits rongeurs. Avec des stratégies qui pourraient faire croire qu'elles ont parfois un embryon de « cerveau » et quelques muscles rebondis. Sur les quelque six cents espèces de plantes carnivores, certaines, les dionées (*Dionaea muscipula*), dites « attrape-mouches », fonctionnent comme des pièges à loup. Mais de manière plus « intelligente ».

« Fermeture éclair »

La plante possède des feuilles en forme de mâchoires, avec l'équivalent de dents, qui peuvent se refermer brutalement sur leurs proies. L'intérieur de ces deux feuilles mâchoires est couvert de « poils » sensibles au contact. Mais la plante ne veut pas se refermer sur une feuille morte ou sur un bout de bois mort. Elle attend donc un second contact vibrant pour se refermer en un clin d'œil sur sa proie. Cependant la plante ne peut utiliser cette technique qu'un nombre limité de fois. Le mécanisme de cette « fermeture éclair » reste d'ailleurs en grande partie mystérieux. La digestion de la proie, à l'aide d'enzymes digestives ou de bactéries, prend au minimum plusieurs jours. Et la plante ne laisse que le squelette de celui ou celle qui est venu se jeter dans sa nasse. On a constaté que certaines plantes sont plus gourmandes que d'autres. Et peuvent réellement souffrir d'indigestion.

Les feuilles mâchoires ne sont pas la seule forme de pièges existants. D'autres sont d'ailleurs parfois « piégeux » pour la plante carnivore elle-même. C'est l'arroseur arrosé. Ainsi en est-il des plantes à urnes, qui peuvent servir de nurseries à certaines larves de mouches ou de papillons. Qui ne vont pas manquer de provoquer bien des misères à leur plante hôte. Après s'être nourries des restes de leurs insectes parents, elles vont se développer et percer la paroi de l'urne piège.

On peut les cultiver ou les admirer dans de nombreux jardins botaniques en France. Et si, a priori, vos doigts ne sont pas menacés, il convient tout de même de rester prudent. Après tout, elles sont réellement carnivores…

94

POURQUOI LES AVIONS FONT-ILS DES LIGNES BLANCHES DANS LE CIEL ?

Il n'est plus possible, dans nos régions, de regarder un ciel dégagé sans voir des lignes blanches le zébrer. Et elles forment souvent des entrelacs semblables à de gigantesques toiles d'araignée célestes qui peuvent parfois, en fonction des conditions météorologiques, persister un long moment avant de s'estomper puis de disparaître, ou se transformer en un nuage « artificiel » de type cirrus. Ou, plus surprenant, à l'inverse, de désagréger un nuage « sauvage ». Avec des conséquences très controversées et encore mal connues sur la mécanique atmosphérique.

Ces rayures dans le ciel, sont, chacun le sait, causées par les réacteurs d'avion. Ceux-ci consomment du kérosène, un carburant issu du pétrole, plus énergétique que l'essence de nos voitures. L'avion rejette donc, comme les autres véhicules motorisés classiques, du dioxyde de carbone (le CO_2), des oxydes d'azote, des composés soufrés, des particules de carbone-suie et, c'est le composé le plus abondant, de la vapeur d'eau. Il survient alors le même genre de phénomène physique que lorsque notre respiration produit, l'hiver, de la « fumée » ou que de la buée se forme sur des vitres. C'est de la condensation. Les traces laissées par les avions sont donc de la vapeur d'eau transformée en petits cristaux de glace.

Un indicateur météo

À l'altitude de croisière où volent les avions de ligne, entre 8 et 13 km, les températures sont de quelque -50 °C. Et la capacité de l'air à stocker de la vapeur d'eau est fonction de la pression et de la température. Plus l'air est chaud, plus il peut accueillir de vapeur d'eau. Plus il est froid, moins il peut en garder. Il peut ainsi en stocker 3 fois plus à 20° qu'à 0 °C.

À la sortie du réacteur, les gaz, chauds et humides, se mélangent très vite à l'air froid et sec de l'atmosphère. La vapeur d'eau commence par se condenser, c'est-à-dire former des gouttelettes liquides, puis très vite, ces gouttes sont congelées et deviennent des petits cristaux de glace. Par ciel clair, ce sont ces petits cristaux, illuminés par le soleil, qui forment cette ligne blanche. Sa matérialité est telle qu'elle donne lieu à une ombre que l'on peut parfois saisir sur une autre ligne blanche ou sur un nuage s'il y en a un à proximité.

Des observations par satellite ont montré que dans certaines conditions et dans certaines zones, la prolifération des traînées de condensation pouvait conduire à la formation de véritables nuages d'altitude (des cirrus). Qui entraînent, dans la journée, un… refroidissement de l'atmosphère. Mais, la nuit, c'est le contraire, cela réchauffe. Les émissions de gaz à effet de serre des avions, en dépit de leur « visibilité » via ces lignes de vapeur d'eau, ne sont pas, et de loin, les plus gros contributeurs aux émissions dues aux activités humaines. Mais elles seront sans doute bientôt réglementées.

Les réacteurs ne sont pas les seuls à créer des traînées de condensation. Le bout des ailes des avions en créent parfois, à cause des turbulences et tourbillons qui s'y créent. C'est ainsi que l'on peut parfois voir de petites lignes blanches qui naissent au bout des ailes. Mais elles sont plus petites et plus fugaces que celles des moteurs. Les avions supersoniques créent, eux, des anneaux de condensation autour de leur carlingue quand ils passent le mur du son. Là aussi, le « nuage » est très fugace.

Les lignes blanches dans le ciel peuvent l'être aussi. Ou non. Si les vents en altitude sont élevés, la ligne blanche va s'effilocher assez vite. Sinon, elle va rester très compacte. Mais surtout, leur observation peut permettre, dans une certaine mesure, de prédire le temps à venir. Ainsi, selon que l'air est plus ou moins humide, l'aspect de la ligne blanche sera différent. Plus l'air sera humide, plus le sillage blanc de l'avion sera dense et durera plus longtemps. Plus la masse d'air sera sèche, donc signe de beau temps, plus la ligne sera fine et se dissipera rapidement. À chacun de vérifier si cela marche…

95

LES VOLCANS SOUS-MARINS SONT-ILS DANGEREUX ?

Là-bas aux antipodes, au sud de la Polynésie, flottent deux morceaux de terre française dans une multitude de montagnes enfouies, de fosses, d'îles et d'atolls disséminés dans l'océan Pacifique. Et c'est ici, non loin de ces îles de Wallis-et-Futuna (quelque 15 000 habitants), à l'ouest des Samoa et au nord des Fidji, que des chercheurs américains, anglais et australiens ont eu, en 2005, une des plus belles surprises de leur vie professionnelle. À bord du navire océanographique *Kaimikai O Kanaloa* (*KOK*), de l'université d'Hawaii, et du submersible *Pisces V*, ils ont pu assister à un spectacle très rare. La (re)naissance d'un volcan sous-marin. Un cône en pleine expansion – qui a été baptisé Nafanua, la déesse de la guerre pour les Samoans – a resurgi, entre 2001 et 2005, d'un cratère ancien, le volcan Vailulu'u. Paradoxalement, cette éruption, qui entraîne une croissance du cône volcanique d'au moins 20 centimètres par jour, se fait dans l'opacité visuelle. Car même si la lave se fige très vite au contact de l'eau, sa sortie s'accompagne de dégazages qui remplissent les environs de « poussières ». Nafanua, parti de quelque moins mille mètres pourrait, d'ici dix ans, venir rôder à moins de 200 mètres de la surface. En attendant mieux. Ou pire.

À en croire ceux qui ont déjà approché des volcans sous-marins, ce n'est pas parce qu'ils font moins de bruit que leurs cousins aériens qu'il ne faut pas les prendre au sérieux. Ils sont évidemment dangereux. Car ils nous parlent tous des bouillonnements qui se passent (très loin) sous nos pieds.

Autour du cœur de la planète tourne un magma fluide (pour simplifier). Au-dessus, en contact avec l'atmosphère ou avec l'eau, surnagent des morceaux solides, car plus froids. C'est la croûte terrestre. Comme une peau se forme sur le lait qui a bouilli. Plus épaisse sur les continents (quelque 35 km) que sous la mer (moins d'une dizaine de kilomètres en moyenne). Elle n'est pas d'un seul tenant. Elle est divisée en plaques qui « voguent » sur leur dessous « liquide ». Tout comme l'avait prédit, dans sa théorie de la dérive des continents, Alfred Wegener, théorie aujourd'hui appelée tectonique des plaques.

L'une des formes d'expression du cœur de la Terre est le volcanisme. Des soupapes par lesquelles la pression interne peut s'évacuer. Et ces soupapes ne sont pas seulement situées à l'air libre, loin s'en faut. L'étude du volcanisme sous-marin, *de visu*, est véritablement née au milieu des années 1970, avec les premières plongées d'observation sur les dorsales océaniques, en particulier en Atlantique, jusqu'à 3 000 m de profondeur.

Tout le long du milieu de cet océan, la terre, comme le long d'une grande fermeture à glissière, s'écarte à raison de deux centimètres par an en moyenne. Cette première « soupape » permet au magma des profondeurs de faire surface. L'Islande est ainsi née d'une branche de cette résurgence. Des expéditions ultérieures montreront que dans le

Pacifique, cette naissance peut aller jusqu'à 13 ou 18 cm par an. À notre montre, c'est peu, mais à celle des siècles, c'est un renouvellement complet des planchers océaniques.

Le chalumeau souterrain

L'autre forme principale du volcanisme sous-marin ne se situe pas aux bords des plaques flottantes mais sous elles. C'est ce qu'on appelle des « points chauds ». Comme si un chalumeau souterrain (une montée de magma dans une cheminée) s'employait à forer un passage pour amener des roches vers le haut. Mais le chalumeau reste fixe tandis que les morceaux de croûte bougent. Résultat, des chapelets d'îles. Celles d'Hawaii en sont un bel exemple. Parfois, le chalumeau s'éteint. Parfois, il se rallume ailleurs.

Un point chaud aujourd'hui encore actif se situe aux alentours des îles Samoa. C'est l'un des planchers océaniques les plus plissés du monde. Combinant fosses profondes, montagnes sous-marines gigantesques et volcans. Le Nafanua est donc l'un des témoins contemporains privilégié de l'activité du centre de la Terre. Effondrement, avalanche, explosion : un volcan, même sous-marin, reste un prédateur. S'il est rare de pouvoir contempler un cratère actif sous l'eau, les études de volcans éteints ont montré qu'ils pouvaient être « brutaux ». Et parfois provoquer des tsunamis dévastateurs.

À leur décharge, ils apportent aussi la vie. Non seulement en créant des terres émergées, mais aussi sous l'eau, par la chaleur, la matière et les gaz qu'ils émettent. Ce que l'on appelle les sources hydrothermales. Qui aurait deviné, avant qu'un submersible de recherche ne s'y intéresse (le *Victor 6000*, de l'Ifremer, l'Institut français d'exploration des mers), que certaines parties du plancher océanique arctique (sous le pôle Nord) ont des températures de... 25 °C ? Et contribuent ainsi au maintien et au développement de beaucoup d'êtres vivants. Le feu et l'eau font parfois bon ménage. Parfois non. Que dira le Nafanua ?

96

COMMENT LES BOURGEONS POUSSENT-ILS AU PRINTEMPS ?

Le printemps a enfin hissé haut ses couleurs pour sa dernière bataille avec l'hiver. Avec certes, dans certaines régions, presque un mois de retard par rapport aux années précédentes. Mais les manifestations printanières colorées, mimosas, cerisiers ou forsythias en tête, se multiplient. L'éveil printanier devrait, dans les jardins et les campagnes, être « explosif » pour rattraper le temps perdu. Or contrairement à ce que l'on pourrait penser, les conditions climatiques printanières ne sont pas les seules, loin de là, à jouer un rôle dans ces éclosions. Car avant même de parler de l'importance de la remontée des températures et de l'allongement de la durée du jour, l'ampleur du réveil printanier dépend surtout de la façon dont s'est déroulé l'hiver.

L'automne avait préparé les arbres à la plongée dans le froid. Ce qui se traduisait pour certains par une perte de leur feuillage. Nous avions laissé les arbres tournant au ralenti, la circulation de sève quasiment stoppée, les orifices de sortie des feuilles clos par de petits bouchons de liège qui les gardaient du gel. Des ébauches de bourgeons, protégées par de petites écailles, s'étaient formées au printemps précédent, à côté des feuilles et fleurs de l'année, et s'étaient mises en «hibernation» à l'automne et durant l'hiver sous l'effet d'un puissant phénomène de contrôle, appelé dormance, qui empêche toute croissance cellulaire. La plante est comme en sommeil, avec une respiration ralentie, sous l'action d'un «philtre» d'hormones végétales.

Ce phénomène est également à l'œuvre dans les graines et les semences. La dormance fait qu'en France graines et bourgeons ne se développent pas à l'automne même s'il est très arrosé. Et ce mécanisme permet aussi de protéger les futures fleurs, feuilles ou jeunes plantes: si elles sortaient trop tôt, elles risqueraient de geler (ce qui arrive tout de même parfois).

Mais ce n'est pas exactement l'arrivée du printemps qui va permettre à ces «bois dormants» de se réveiller, mais bel et bien le froid. S'il ne fait pas assez froid assez longtemps, la dormance ne va pas disparaître. Et le nombre de bourgeons bourgeonnants sera, le moment venu, très faible. Les chercheurs estiment que des températures inférieures à 5 °C sont nécessaires pendant au moins 1 000 heures (41 jours) pour conjurer la dormance sous nos climats. Le passage de certaines plantes dites d'intérieur, comme les bonsaïs d'arbres ligneux de climat tempéré, en chambre froide (-1 °C ou -2 °C) sur au moins 60 jours peut ainsi grandement améliorer leur floraison.

Mais le froid présente néanmoins des inconvénients. Trop de froid peut provoquer d'une part des gelures, avec éclatement des cellules ou des bourgeons, abîmant certaines parties de la plante, d'autre part la formation de bulles d'air dans les vaisseaux qui transportent la sève. Lorsque celle-ci gèle, elle libère les gaz qu'elle contient car ils sont très peu solubles dans la glace. Ce qui provoquera au printemps une véritable embolie de l'arbre, ces bulles empêchant la circulation de la sève. Nuisant ainsi à la « productivité » de l'arbre.

À hiver froid et long, printemps coloré et embaumeur

À la sortie de l'hiver, les températures remontent, la durée du jour s'allonge, les sols se réchauffent, l'eau circule de nouveau. Les racines des plantes vont petit à petit recevoir des flux croissants de nutriments et de minéraux et s'en « gonfler ». Et la « pompe à sève » va ainsi redémarrer. Les vaisseaux se mettent sous pression et celle-ci va progressivement gagner toute la plante. C'est la fameuse « montée de sève ». Ce liquide nutritif va permettre le « débourrement » des bourgeons qui vont alors s'ouvrir.

La date de floraison est, elle, très dépendante des conditions météorologiques printanières. Ainsi, en Île-de-France par exemple, le forsythia peut fleurir à partir de début février ou dans la dernière semaine de mars. Le cerisier de fin février à début avril. Les fleurs apparaissent souvent les premières, mais cela est fonction des différentes espèces. La date de pousse des feuilles est pour sa part moins dépendante des conditions hivernales et ne varie en général que d'une quinzaine de jours d'une année à l'autre. Le nombre de bourgeons qui se réveilleront dépend donc, lui, des conditions climatiques hivernales. À hiver froid (mais pas trop) et long, printemps coloré et embaumeur. Ce qui devrait être le cas cette année. L'été sera-t-il à l'unisson ?

97

COMBIEN DE COULEURS COMPTE UN ARC-EN-CIEL ?

Saviez-vous qu'il peut apparaître la nuit grâce à la lumière de la Lune ? Que ce n'est pas un arc mais un cercle complet qui est parfois observable en totalité ? Qu'on ne peut le voir que dos au soleil ? Qu'il n'a pas sept couleurs ? Que c'est une très belle illusion d'optique ? Qu'il est à l'origine du développement de nombreux domaines scientifiques, de la théorie géométrique à la mécanique ondulatoire en passant par l'optique ?

L'arc-en-ciel est un phénomène de dispersion de la lumière du Soleil sur un mur d'eau. Chaque goutte d'eau va jouer le rôle d'un prisme et décomposer la lumière. En effet, la lumière blanche résulte du mélange de plusieurs lumières colorées. C'est le physicien anglais Thomas Young (1773-1829) qui démontra qu'il suffisait de mélanger trois couleurs (rouge, vert et bleu) pour obtenir la lumière blanche. Et qu'en les mélangeant deux par deux, on en obtenait trois autres : le cyan, issu du vert et du bleu, le magenta (ou violet), avec du rouge et du bleu, et le jaune, formé du vert et du rouge.

Une infinité de dégradés

La fraction des rayons solaires qui crée l'arc-en-ciel sera celle qui suivra un trajet très particulier. Il faut qu'ils pénètrent les gouttes d'eau selon un angle bien défini, de manière que, au passage air-eau, ils se décomposent. Ils doivent ensuite être réfléchis dans la goutte, puis de nouveau être décomposés en sortant de la goutte. La lumière qui sort ainsi présente l'aspect de l'arc-en-ciel. Les couleurs rouge, orangée, jaune, verte, bleue et violette sont alors séparées. Le rouge est à l'extérieur de l'arc et le violet à l'intérieur.

Un arc-en-ciel a donc six couleurs principales et non sept. Il y a bien sûr une infinité de dégradés de teintes entre ces couleurs principales. On ajoute traditionnellement une couleur appelée indigo (une nuance de bleu). Elle a été inventée par Isaac Newton, le premier à décomposer la lumière visible avec un prisme. Adepte d'alchimie, comme de nombreux savants de son époque, il a choisi de voir sept couleurs pour les faire coïncider avec les sept planètes (connues alors), les sept jours de la semaine…

La grosseur des gouttes déterminante

La grosseur des gouttes conditionne l'aspect de l'arc-en-ciel. Plus elles seront grosses, mieux la lumière sera décomposée et plus l'arc sera brillant et coloré. Plus elles sont petites, plus il sera pâle. Autre élément important pour l'allure de l'arc-en-ciel, la hauteur du Soleil dans le ciel. D'ailleurs, il ne doit pas être à plus de 42° du sol pour que le phénomène ait lieu, à cause de l'angle bien précis par lequel les gouttes d'eau décomposent la lumière. On ne peut donc en voir en milieu de journée mais seulement en matinée ou en fin d'après-midi. Plus le Soleil est bas, plus l'arc-en-ciel sera haut. À l'opposé, plus il est haut, plus l'arc-en-ciel sera plat et il deviendra invisible dès que le Soleil sera à plus de 42° au-dessus de l'horizon.

Il y a fréquemment un arc-en-ciel secondaire, moins lumineux que le premier et situé plus haut que lui. Les couleurs de ce second arc sont inversées par rapport à celles de l'arc principal. C'est parce que les rayons lumineux qui lui donnent naissance ont subi non pas une mais deux réflexions dans les gouttes d'eau. Entre ces deux arcs, on peut observer un pan du ciel moins lumineux : c'est la bande sombre d'Alexandre, ainsi nommée en l'honneur d'Alexandre d'Aphrodisias, qui fut le premier à en proposer une description, aux alentours de 200 av. J.-C.

Les arcs-en-ciel existent aussi la nuit : il faut bien sûr une Lune presque pleine, bien brillante, placée relativement bas sur l'horizon. Sa lumière, au contact de la pluie, peut créer un arc-en-ciel peu coloré, plutôt blafard, avec parfois un bord rouge pâle.

On ne voit de l'arc-en-ciel, lorsqu'on est au sol, que la partie située au-dessus de l'horizon. Il est possible de voir son cercle complet depuis… un avion ou lorsqu'on se trouve en altitude, au sommet d'une haute montagne, et que l'on peut regarder la pluie tomber au-dessous de soi.

On ne peut atteindre un arc-en-ciel puisqu'il recule à mesure que l'on avance vers lui. De nombreuses légendes font pourtant état d'un chaudron d'or ou d'autres trésors à sa base. Dans la Bible, l'arc-en-ciel est le fruit d'une entente entre Dieu et Noé, signe que « les eaux ne deviendront plus jamais des déluges pour détruire la vie ». Selon une tradition médiévale, il n'y aurait aucun arc-en-ciel durant les quarante années précédant la fin du monde. Elle n'est donc pas pour demain.

98

POURQUOI PEUT-ON FAIRE DES CHÂTEAUX DE SABLE ?

Les châteaux de sable font rêver tout un chacun. Même les scientifiques dans leurs laboratoires avec leurs équations. Car derrière leur apparente simplicité se cachent des processus physiques d'une très grande ingéniosité mettant en jeu de nombreuses forces. Et les comprendre permet au profane, avec un peu d'habileté, de réaliser des constructions plus grandes, plus solides et plus durables.

Que faut-il pour édifier un château de sable ? Du sable, bien sûr. Mais quel est le plus adéquat ? Faut-il du sable avec des petits ou des gros grains ? Il faut également de l'eau. Quelle est la plus favorable ? L'eau douce ou l'eau salée ? Faut-il beaucoup mouiller le sable ou non ? Faut-il tasser la pâte ainsi obtenue ? Pour répondre à ces questions, il faut en savoir un peu plus sur les caractéristiques physiques de chacun de ces éléments.

Tout d'abord le sable. Il est constitué de petits grains de silice issus de l'érosion des rochers. Les grains peuvent être plus ou moins gros, de quelques dixièmes de millimètres à un ou deux millimètres. Comme tout matériau granulaire, il est à la fois solide et liquide. Chaque grain est individuellement solide, mais mis ensemble, ils se comportent comme un liquide. Quand il est sec. Car quand il est légèrement mouillé, il se comporte comme une sorte de pâte à modeler. Façonnable et capable de servir de matériau de construction. Qu'est-ce que l'eau a donc fait au sable ?

En absence d'humidité, les grains de sable peuvent glisser et rouler les uns contre les autres. Une petite quantité d'eau va lier les grains, en créant des attaches entre eux. Des forces d'attraction microscopiques (dites force de Van der Waals) s'exercent entre d'une part les molécules d'eau entre elles et d'autre part les molécules d'eau et la surface de silice du grain de sable. L'eau va chercher le plus grand contact possible avec les grains et le plus petit possible avec l'air. Ce qui fait qu'un lien entre deux grains ressemble à un sablier, avec deux extrémités évasées et un milieu étroit et pincé. Les molécules d'eau se disposent dans les petits interstices entre grains et forment autant de liens possibles comme autant de points de colle.

Une autre force s'exerce également à ce niveau, la force capillaire. Le lien entre deux grains crée comme une force de succion suffisante pour suspendre l'un des grains à l'autre s'ils sont assez petits. Ces forces nous empoisonnent la vie quand on marche avec les pieds mouillés sur du sable sec : les grains de sable se collent à la peau et il est difficile de s'en débarrasser quand il est mouillé.

Et pour ce qui est du sable mouillé à l'eau de mer, c'est encore pire. Car même sec, il aura tendance à coller. Pourquoi ? À cause du sel. Et c'est bien pour cela qu'un château de sable est plus solide avec de l'eau de mer. Car au fur et à mesure que l'eau s'évapore, des liens de sel prennent sa place, assurant la cohésion de l'édifice. Puis, au fur et à mesure que les liens de sel vont se rompre, le château va devenir de plus en plus fragile et finir par se liquéfier.

Tapoter pour bien tasser

Reste la question du tassement au moment de la construction. Cette opération a pour effet de rapprocher les grains le plus possible, permettant ainsi à l'eau de former un plus grand nombre de liens.

L'ensemble est donc plus solide. Mais il y a tasser et tasser. Car trop tasser peut conduire à une augmentation du volume du sable. Une trop forte pression peut provoquer un tassement à un endroit, mais par répercussion un «éclatement» par désorganisation à d'autres. La bonne façon de tasser n'est donc pas d'appuyer sur le sable mouillé, mais de le tapoter, ou de tapoter le récipient qui le contient afin que les vibrations ainsi provoquées permettent aux grains de se réorganiser les uns par rapport aux autres en même temps sur de grands volumes.

Le même phénomène se produit quand on marche sur une plage de sable mouillé. Lorsque le pied se pose sur le sable, il apparaît autour de lui une auréole plus claire. Le poids du pied a pour conséquence de rendre moins compact le sable situé à la périphérie. Les grains s'écartent les uns des autres, permettant à l'eau présente de s'y faufiler sous l'effet de la gravité. Résultat, le sable en surface s'assèche temporairement et l'auréole apparaît. Lorsque le pied se soulève, le sable reprend sa configuration initiale. Mais, quand vous irez à la plage, n'oubliez pas vos seaux pour y laisser votre sceau (maintenant que vous l'êtes moins…).

99

QUELLE DIFFÉRENCE Y A-T-IL ENTRE FRUIT ET LÉGUME ?

Elles ne sont pas uniquement là pour faire joli, les fleurs. Elles matérialisent, sous nos latitudes tempérées, l'arrivée du printemps et le renouveau végétal. Partout dans le monde, elles sont le signe coloré et souvent odoriférant de la reproduction des plantes. Et celle-ci est bien plus diversifiée que dans le monde animal.

Les stratégies mises en œuvre par les plantes pour se reproduire sont d'une inventivité et d'une diversité remarquables. Toutes les solutions possibles et imaginables « sur le papier » sont mises en œuvre dans la réalité. D'espèce en espèce, les règles de perpétuation changent. Plus encore, à l'intérieur d'une même espèce, des différences apparaissent en fonction des moments et des « individus ». Ce qui, en passant, traduit une grande adaptabilité aux milieux et aux conditions et, parallèlement, donne aux hommes des outils naturels et puissants d'amélioration génétique des plantes.

Certaines plantes ont une reproduction sexuée. C'est-à-dire que la graine qui pourra donner un nouvel « individu » est formée par l'apport d'une cellule mâle (le pollen des étamines) et d'une cellule femelle (dans le pistil). Mais les plantes s'en voudraient d'être aussi simples. Ainsi, certaines plantes possèdent des fleurs portant à la fois des étamines et un pistil. D'autres uniquement des étamines, d'autres uniquement un pistil. Et cela ne s'arrête pas là. Les plantes avec étamines et pistil peuvent soit s'autoféconder directement, soit être obligées de recevoir du pollen d'autres fleurs grâce au vent ou aux insectes pollinisateurs. C'est le cas par exemple de l'abricotier, de l'aubergine, du blé, du cotonnier, de l'oranger, du tabac… Les plantes qui ont des fleurs mâles (uniquement étamines) ou des fleurs femelles (uniquement pistil) peuvent soit porter sur un même plant les deux types de fleurs, soit les porter sur des plants différents. Le premier type se rencontre chez le cèdre, le châtaignier, le maïs, le noisetier, le pin… Le second type apparaît pour l'asperge, l'épinard, le palmier-dattier, le peuplier, le saule… Il existe d'autres types de combinaisons, certaines plantes présentant sur un même « individu » des fleurs avec étamines et pistil et des fleurs avec soit l'un, soit l'autre. Ou des plantes avec fleurs « complètes » côtoyant des fleurs « incomplètes ».

Ateliers naturels de clonage

Enfin, le monde végétal s'est même offert ses ateliers naturels de clonage. C'est ainsi que se reproduit la dent-de-lion, plus connue sous le nom de pissenlit, comme plus de trois cents espèces sauvages. La fleur de pissenlit, cette boule duveteuse sur laquelle tout le monde a soufflé un jour ou l'autre, contient des graines qui sont des embryons clonés naturels de la plante mère (phénomène savamment appelé apomixie). Une autre façon qu'ont les plantes de se cloner est la multiplication végétative : certaines plantes peuvent faire pousser sur leurs racines des bourgeons secondaires qui pourront se développer en plantes individuelles. Le chiendent, le muguet ou l'iris se reproduisent ainsi. C'est cette propriété qui est utilisée dans les techniques de bouturage et de marcottage pour la multiplication de certaines plantes.

Mis à part dans ces derniers cas, quand la fleur est fécondée, elle va donner des graines. Celles-ci vont s'entourer d'un organe végétal issu du pistil qui va la protéger. C'est ce qu'on appelle le fruit. Mais, là aussi, le monde végétal s'amuse. Car, pour nous, la poire ou la fraise sont des fruits tandis que l'aubergine, le haricot vert sont des légumes. En fait, l'aubergine et le haricot vert sont botaniquement… des fruits. Et la fraise n'est pas un « vrai » fruit, mais comme l'ananas ou la figue, un « faux fruit ». La fraise résulte de la transformation du réceptacle floral de la plante. Ce qui est issu du pistil, et qui donc seul mériterait le nom de fruit sont les petits grains jaunâtres disséminés à la surface de la fraise. À ce titre, la pomme ou la poire sont également de « faux fruits ».

Le terme de légume est donc botaniquement sans signification. À l'origine, il désignait les plantes à gousses, appelées « légumineuses ». C'est un terme qui a par la suite été généralisé par les cuisiniers pour désigner une plante accompagnant un plat. Il faudrait en toute rigueur parler de bulbe, tubercule, racine, feuille ou fruit. Et considérer comme des fruits les petits pois, les tomates, le poivre, les olives ou les gousses de vanille. Mais il y a fort à parier que les légumes tels que nous les connaissons actuellement ont encore de beaux jours devant eux.

100

COMMENT PEUT-ON PRENDRE LA TEMPÉRATURE DE SURFACE DE LA TERRE ?

Comment sait-on que la température de la planète dérape ? Qu'il y a un changement climatique ? Tout simplement parce que l'on dispose d'un thermomètre pour savoir si la Terre est « grippée ». Mais la Terre, pour vivante qu'elle soit, ne se laisse pas si facilement toucher le front ou placer un instrument de mesure au bon endroit.

Quel moyen les chercheurs-observateurs ont-ils trouvé pour « inventer » un thermomètre terrestre ? Le seul était en fait de trouver une référence à peu près fiable. Cette référence est la température moyenne du globe. Pour les humains, la température moyenne est autour de 37,6 °C. Pour notre globe, c'est 15 °C. Ce qui, d'un côté, ne veut rien dire. Un peu comme pour notre corps, ce sont les écarts par rapport à cette valeur qu'il est important de connaître. La température moyenne du globe est plutôt comme le « zéro » d'une graduation que comme un chiffre dont la valeur absolue serait importante. Mais établir une température moyenne, ce n'est pas comme calculer une note moyenne à l'école où l'on additionne les notes, où l'on tient compte des coefficients et où l'on divise le total sans faire de faute. Du moins si l'on veut que la valeur obtenue ait un sens.

Calculer une moyenne de température n'est pas si simple, même pour des cas apparemment évidents. Partons par exemple d'une moyenne journalière. Alors, on peut prendre la plus basse et la plus haute des températures, sur 24 heures, de midi à midi ou de minuit à minuit. Ou de 16 heures à 16 heures. Mais de nombreuses journées très différentes auront la même moyenne. On peut aussi faire des moyennes journalières en prenant par exemple des tranches de 3 heures dont chaque moyenne va donner la moyenne journalière. Mais là aussi, la valeur obtenue pourra être la même alors que le temps qu'il a fait pourra avoir été très différent. Il faut ensuite passer aux moyennes hebdomadaires, aux mensuelles, puis aux annuelles. Avec la même complexité, les mêmes incertitudes.

Plus de dix mille points de mesure

Comment y voir clair? Là, pas d'hésitation, il faut écouter ce que peut nous dire un de ces «jongleurs» de nombres climatiques. Parmi les nombreux spécialistes français, voyons ce que dit Serge Planton, responsable de l'unité de recherche climatique au centre de recherche de Météo France. «Il est tout à fait vrai que les modèles de correction sont très importants pour établir une température moyenne. À cet égard, on voit très bien par exemple qu'il y a un avant-Seconde Guerre mondiale, et un après. Uniquement à cause de la façon dont on mesurait la température. D'abord à cause de la généralisation des abris météorologiques aux dispositifs unifiés, ensuite à cause des relevés de température des eaux de surface océaniques.»

Car l'eau couvre 70 % de la surface du globe. Et s'il y a moins d'erreurs de mesure dans l'eau que dans l'air, la façon de mesurer est déterminante. On est parti du prélèvement d'eau dans un seau puis des mesures en continu sur les navires, via leurs circuits incendie. Et on a vu apparaître un refroidissement de 0,3 °C après-guerre. C'est qu'avant c'était surtout des navires de guerre américains qui étaient équipés pour ces relevés, alors qu'après les types de bateau équipé était beaucoup plus divers. Les données étaient biaisées et il n'y avait pas eu de refroidissement.

Alors, la température moyenne dont se servent les experts climatologues est-elle fiable ? D'après de nombreux spécialistes, oui. S'il y a plus de dix mille points de mesure sur Terre, ils sont très inégalement répartis. C'est vrai, mais il suffirait de seulement 172 points d'observation pour avoir une bonne approximation car il y a une bonne corrélation entre des zones géographiques éloignées. Les valeurs aberrantes sont éliminées et les autres sont corrigées pour tenir compte par exemple de l'altitude. Il reste quelque trois mille points d'observation fiables.

À partir de ce « 0 » de la graduation du thermomètre, on peut suivre les variations, les écarts par rapport à cette moyenne. D'ailleurs peu importe ou presque la méthode de mesure, du moment qu'elle est la même partout. Car ce sont les variations qui sont significatives, pas la valeur absolue de cette température. Et quand on sait que les variations de température moyenne entre une période glaciaire (cent mille ans) et une période interglaciaire (vingt mille à trente mille ans) ne sont que de 4 à 7 degrés, on comprend l'importance de la mesurer avec précision (aujourd'hui au dixième de degré près).

Enfin, les termes « température moyenne » et « réchauffement climatique » ne doivent pas faire oublier que, dans le futur, quoi qu'il se passe, il y aura des régions où il fera plus chaud qu'aujourd'hui et d'autres où il fera plus froid… À nous de faire en sorte que ces changements soient le moins graves possible.

CET OUVRAGE
A ÉTÉ ACHEVÉ D'IMPRIMER
SUR ROTO-PAGE
PAR L'IMPRIMERIE FLOCH À MAYENNE
EN MARS 2020

Imprimé en Europe
ISBN : 978-2-36075-967-5
Dépôt légal : mars 2020
N° d'impression : 95979